著者注

　本書は 2015 年に、あるボランティアグループが開催した指導者研修で 1 日かけて講演した内容をベースに、大学で講義をしてきた内容も加えて改編したものです。
　とても「難しい」テーマですので、医学や生物学の素養がない方でも理解しやすいよう、最初の研修会の講演スタイルを残して、講師と参加者が同じ目線で話し合う形で執筆しました。

●● 推薦のことば

夫　律子

クリフム夫律子マタニティクリニック臨床胎児医学研究所院長

　2006年6月に胎児診断専門施設として香川県丸亀市にオープンしたクリフムは、2007年11月、大阪市天王寺区上本町にその地を移し、胎児診断・胎児診療カウンセリング・コーディネートを行う施設として生まれ変わりました。私は産婦人科医になって毎日、胎児の不思議に触れながら、ご両親からも多くのことを学んできました。「胎児医療の目標は病気を診断することだけではない。発育を正しく評価することで赤ちゃんを元気に産んでもらうこと」という信念を持っています。もちろん、診断結果により胎児の命が左右されることもあり、ご夫婦やご家族の人生にも影響する責任の重い仕事です。夫婦と真剣に向き合い、そして、ご夫婦が胎児と正面から向き合えるようにサポートすること。そして、いのちの不思議をご家族とともに共感し、ともに涙が流せるスタイルの診療が「クリフム」のコンセプトの真髄だと考えています。

　千代豪昭先生との初めての出会いは2012年の秋でした。一緒にうどん屋さんでうどんをすすりながら、私の胎児診療に対する想いを、先生が熱心に聞いてくださったのが昨日のことのようです。2013年の4月にはチームクリフムに参画してくださることになりました。

　それまで構築されてこられたカウンセリング理論が臨床現場で本当に役立つものか、毎日の遺伝カウンセリングの実践で検証してみたいとのことでした。「通常の遺伝カウンセリングは遺伝学の理論と疾患の理解を基本にして大体のパターンが決まっているのだが、クリフムでは、胎児から得られる多彩なエビデンスと家族の想いに個別にカウンセリングを組み立てねばならない」とおっしゃり、一人ひとりのご夫婦のカウン

セリングに情熱を傾けてくださっています。最初の話では「お手伝いするとしても、週2回くらいかな」とおっしゃっていましたが、クリフム診療日すべてご出勤してくださることになり、「こんなに仕事するの、僕の人生で初めて！」と言いながらとても楽しそうに診療されています。

クリフムでは従来から行っていた羊水検査に加えて、2009年から始めた絨毛検査も2018年現在ではすでに11,000件を超えました。絨毛検査・羊水検査では当日あるいは翌日にQF-PCR結果がわかり、2〜3週間後に染色体検査結果を報告します。場合により、さらにマイクロアレイ検査に進む場合もあります。千代先生は年間1500〜1700例もの検査結果の告知とカウンセリングを担当してくださるのですが、元気な先生はカウンセリングを行う部屋から部屋への移動はほとんど駆け足です。ついでに言いますと、ご自宅で朝から得意の弓を引き、集中力を高めた状態でご出勤されるそうで、エレベータを待つ間も「うさぎ跳び」と、まるでアスリートのような生活です。大変失礼ですが、ご年齢とのギャップが大きすぎて私には理解不能です。私が意地になって言い張ることも笑顔で聞いてくださり「なるほど」と受け取ってくださる柔軟さにいつも助けられています。

もともと小学校時代からメンデル遺伝に始まり遺伝学が大好きだった私でしたが、千代先生の影響を受け、また昨今の分子遺伝学の急速な進歩に伴い、香港の The Chinese University of Hong Kong（CUHK）の大学院（Master of Science in Medical Genetics）で遺伝学を学ぶことにしました。日本の臨床遺伝専門医の資格を取得しただけでは、まだまだ勉強が足りないと思ったからです。CUHK大学院は、医師や検査機関で仕事をしている専門家が対象で、2年間にわたって米国の Baylor College of Medicine と、CUHK の教授陣の講義を受けました。試験・研究レポート・研究プロジェクト作成と、クリフムの仕事に加えて海外での講演や教育活動を多く抱える私にとっては、隔月の香港・大阪間の

往復は厳しいものでした。

　私は誰にも相談せずに大学院に入学したのですが、大学院に通っていることを漏らした途端、千代先生は「それはすごい！素晴らしいことですよ」と褒めてくださいました。ちょっと照れましたが、千代先生は我が娘のことのように喜んでくださいました。

　「レジェンド」千代先生が、ある日、「簡単な小冊子を作りたい」とおっしゃられたのが本書です。最初はご講演内容を簡単にまとめるというお話でしたが、どんどんとページ数が増えていきました。千代先生の話される１言１句がそのまま伝わってくる本書に多くの方が共感されるのではと思います。もともとは福祉ボランティアリーダーをめざす若い方を対象とした講演内容だったとのことですが、医師や看護師、遺伝カウンセラーはもちろん、周産期医療に携わる技師やスタッフにも是非、読んでいただきたいと思います。

クリフムにて

夫 律子 プロフィール

<略歴>

慶應義塾大学法学部卒業
　（卒業論文：体外受精とヒトの始まり－倫理的側面から）
徳島大学医学部卒業、医学博士（徳島大学）
Chinese University of Hong Kong 遺伝医学修士課程修了
クリフム夫律子マタニティクリニック臨床胎児医学研究所院長

その他の活動：Cornell 大学産婦人科客員教授、国際 Dubrovnik 大学（クロアチア）Human Science 教授、Pirogov 国立研究医科大学（ロシア）名誉教授、国際周産期医学アカデミー副会長、Cornell 大学産婦人科客員教授、Johns Hopkins 大学産婦人科客員教授、NIH Perinatal Research Branch 客員教授、Wayne 州立大学産婦人科特命教授

資格：母体保護法指定医、産婦人科専門医（日本産科婦人科学会）、超音波専門医（日本超音波医学会）、妊娠初期超音波資格（英国 FMF）、臨床遺伝専門医（日本人類遺伝学会／日本遺伝カウンセリング学会）

専門領域：周産期医学・胎児医療・胎児超音波医学（超音波発生学・超音波遺伝学）・胎児神経学

人間の「いのち」を考える

－人類遺伝学、遺伝臨床、生命倫理学の立場から－

 # 人間の「いのち」を考える
－人類遺伝学、遺伝臨床、生命倫理学の立場から－

1. はじめに （11）
    1) 本日の講演目標
    2) 自己紹介
    3) 最近の出生前診断をめぐる話題から

2. 生命科学の立場から人間を考える （18）
    1) 胎児の発生から誕生まで
    2) 種としての人間
    3) 人間の定義についての法律的背景
    4) 生命論による人間の理解
    5) 生命論から人間の「いのち」を考える

3. 先天異常をめぐる医療現場から （34）
    1) 障害を正しく理解しよう
    2) 先天異常はどれくらい生まれているのか
    3) 先天異常はなぜ産まれるのか、生命論の立場から考える
    4) 有害でない突然変異など本当にあるのか
    5) 生殖細胞のゲノム異常だけが先天異常の原因ではない
    6) 先天異常の予防について考える
       －ノーマリゼーション思想の重要性

4. 出生前診断をめぐる論争から「いのち」を考える （47）
    1) 出生前診断が導入された黎明期の日本の事情
    2) 出生前診断と新しい胎児医療の出現
    3) 胎児に染色体異常が見つかった場合の対応をめぐって

5. 科学思想が「いのち」を脅かす危険性 － 戦前の優生運動の理解 (57)
    1) 優生学とは
    2) 優生学から優生運動へ
    3) 出生前診断と優生思想
    4) 優生論と批判されないために
    5) 日本は福祉国家か
    6) 社会の立場から －特に裁判判決をもとに

6. 医学教育や医療現場で重視される生命倫理学 (81)
    1) 医の倫理
    2) 生命倫理学と倫理学の違い
    3) わが国の医療現場にあった生命倫理学の理論
        －「ビーチャムの原理原則主義」

7. 生命倫理学では「いのち」にどう向き合うか －事例検討 (89)
    1) 障害をもった子供の治療をめぐって
        －私の体験事例から
    2) ベビー・ドゥ事件
    3) 救命手術は正しかったか －ある宗教が関係した事例
    4) 減胎手術をめぐって
    5) トリアージ
    6) 救命ボート
    7) 自己犠牲は道徳的？

8. おわりに (107)

 # はじめに

1）本日の講演目標

さて本日、私たちに与えられたテーマは人間の「いのち」について勉強しようということです。しかも私の講演の後に宗教家の方とか、法律家の方が同じテーマでお話をされるそうです。私に与えられた役割は、「いのち」を自然科学の立場から話をすることだと考えています。

地球上にどのようにして生命が生まれたかについては、1924年にオパーリンが無機質からアミノ酸ができることを証明して以来、アミノ酸から生物の基本物質であるタンパク質がどのようにして合成されるか、特に地球型生命のもととなる核酸、すなわちRNAやDNAの役割の解明など、生命科学が明らかにしてきた素晴らしいドラマがあります。その流れを解説するには1日ではとても足りません。そしてもう一つ、大切なことは、科学的な「生命現象」と、私たちが感じている「いのち」は必ずしも同一のものではないということです。

「いのち」は大昔から人間にとって大きな関心事でした。物質と精神にプノイマ（生命）を加えたアリストテレスの3元論、物質と精神を中心に2元論を唱えたデカルトなど、古代ギリシャから近世に到るまで多くの哲学者が解明に取り組んできました。宗教が関与した時代もありました。近世ヨーロッパではダーウィンの進化論と産業革命を導いた科学主義が生命観に大きな影響を与え、さらに生命科学は近代医学の発達にも大きな影響を与えました。

しかし、生命現象そのものにはまだ未知の領域が多く残っています。

1章　はじめに

　私は医師ですが、実践学問としての医療学は自然科学と社会科学の双方のバランスを重視します。「いのち」を考える時に自然科学だけに捉われてはいけません。私たち人間は高度に発達した社会生活を営んでいます。私たちが感じる「いのち」という言葉には人間が社会的活動を行ううえで作られた概念がたくさん混じっています。

　私の本日の役割は、生命科学の立場を明日の宗教家や法律家の先生の話に「つなぐ」ことにあると考えました。私は35年にわたって教壇に立ち、人類遺伝学や臨床遺伝学、生命倫理学を講義してきました。リタイアしてからも、まだ年に数十時間は若い医学生や看護学生を相手に講義をしています。それでも、今日のテーマは「難しいな」と思いました。

　皆さんは幅広い社会活動を行うボランティアグループの指導者として活躍されていると聞いています。明日の講義へのつながりだけではなく、皆さんが人間理解を深め、毎日のボランティア活動に役立つ話にしたいと思っています。念のためにパワーポイントは作ってありますが、準備にはこだわらず、皆さんのお顔を見ながら、時間が許す限り一緒に人間の「いのち」について考えましょう。

　キーワードは、「生命論からいのちを考える」、「人間とは」、「いのちの質」、「障害」、「先天異常」、「胎児医療」、「倫理と法律」、「生命倫理学」など盛りだくさんですが、わたしも頑張ってみたいと思います。

2）自己紹介

少し自己紹介をさせていただきます。

　私は小児科の医者ではありますが、臨床医学の専門分野はかなり限られています。私の娘たちがまだ小さかった頃、咳をしている娘を診察しようとすると、「ちゃんとしたお医者さんにかかりたい」と拒否されたくらいです（会場から笑い）。医学生の頃から遺伝学に興味をもち、最初は研究者になるつもりで基礎医学の講座である遺伝学教室の研究室に出入りしていました。生命の進化や、どんなふうにして人間が作られていくのだろうか、どうして先天異常や遺伝病が発生するのかなど興味をもっていたのです。医学部を卒業して進路を決める時に遺伝学とも関係が深い小児科の医師になることにしました。小児科医として基礎研修した後、小児病院で臨床遺伝専門医のトレーニングを受けました。

　その後、学生時代にお世話になった大阪大学の吉川秀男教授が定年退官され、細胞遺伝学がご専門の古山順一先生と一緒に兵庫医科大学で新しい遺伝学講座を立ち上げられたのを機会に、私も兵庫医大に移って仕事をするようになりました。兵庫医大では人類遺伝学をテーマに研究や学生の教育をしてきましたが、医師として遺伝病や先天異常の診断や、家族への遺伝カウンセリングも行ってきました。

　現代遺伝学はゲノムのレベルで議論ができるようになり、めざましい進歩を遂げています。この分野では、もはや私のようなロートルが出る幕はありません。ただ、これまでの医師、看護師、遺伝カウンセラーなど医療従事者をめざす若い方々への教育経験や遺伝臨床の現場体験をもとに、本日は人間の「いのち」について遺伝学や遺伝カウンセリング、生命倫理学の立場からお話をしようと思います。

　今から3年前に東北大震災にともなって原発の事故が起こりました。多くの住民、特に妊娠されていた女性や子供の健康をめぐって、深刻な

1章　はじめに

被曝不安が拡がりました。このような住民の被曝不安に対応するため、私はボランティアで2年近く東北に通いました。私は大学の教員時代に公衆衛生学の講義の中で被曝医療についても講義をしていたので、放射線医学の知識もある程度はもっています。そこで、やっと養成が実現した遺伝カウンセラーにとっても、このような災害で活躍する場があるのか調査したいという気持ちもあり、東北に入ったのです。

最初は福島県南相馬市でただ1ヵ所だけ診療活動していた産院（注：原町中央産婦人科医院。院長は故 高橋亮平先生）を間借りしてのボランティア活動でした。半年後に南相馬市立総合病院が診療活動を再開してからは、専門外来を作っていただき、全国から数人の仲間の医師の応援を得て、地元の医師や行政と連携して住民のカウンセリング活動を行いました。病院では当直室を提供してくださったのですが、震災後しばらくは「野戦病院のような状況」で、当直室では全く眠れません。もうこの齢になりますと、そういった24時間態勢の所で仮眠をとるのはつらいので、リタイア後の楽しみのつもりで購入したキャンピングカーが役に立ちました。病院のすぐそばには「道の駅」があり、すぐに復興されて災害援助活動の拠点になっていました。自衛隊とか警察をはじめ、復興作業の車両が集まっていたのです。私も「道の駅」の駐車場を使わせていただき、そこから病院に通って仕事をしました。

自宅の兵庫県西宮から南相馬まで往復2000キロを越えるのですが、毎月1～2回ずつ往復しました。2年目に現地の医師や保健師に仕事を引き継ぎましたが、その間に5万キロ以上走りました。今でもカウンセリングを行った当時の妊婦さんから元気な赤ちゃんやご家族の写真が送られてきます。なつかしい思い出です。写真は震災から8ヵ月たった道の駅です。クリスマスイブのためにきれいに飾り付けがなされていますが、すぐ横の国道は通行止め、国道の海側は津波の被害でまだ「すさまじい」状況でした。

1章

震災から8ヵ月たった「道の駅」の駐車場にて

クリスマスイブのためにきれいに飾り付けがなされていますが、すぐ横の国道は通行止め、国道の海側は津波の被害でまだ「すさまじい」状況でした。

3）最近の出生前診断をめぐる話題から

さて、そろそろ本題に入りましょう。

今日お話しする「いのち」についてですが、最初の切り口として、マスコミでもよく取り上げられている出生前診断[*1]を材料として話を進めていきたいと考えています。

2013 年から「新型出生前診断」[*2] という言葉で紙面がにぎわっています。皆さんはご存知ですか？

会場の数人の方から手が上がりましたね。これは妊婦の血液から胎児の情報を得る新しい方法です。あとでもう少し詳しくお話をしますが、この検査の出現で従来からあった「出生前診断をめぐる議論」が再燃しています。

私は 35 年ほど昔に兵庫医大で臨床遺伝部を立ち上げて、そこで羊水検査を始めました。当時としては最先端の技術で、この方面の技術開発を行いながら、全国あちこちを行脚して検査の普及のために技術指導をしてきた経験があります。私も当時は若かったせいか、胎児の段階で先天異常を診断し、生まないようにすれば先天異常の予防につながると「単純に」考えたのですね。でも、やればやるほど、「社会体制が整っていないわが国で、このまま出生前診断を普及させてもよいのだろうか」

[*1] 確定診断としては羊水検査、絨毛検査。スクリーニング検査として NIPT と呼ばれる新型出生前診断、トリプルマーカー検査、クワトロマーカー検査、組み合わせ検査などの母体血清マーカー検査や胎児超音波検査などがある。

[*2] 胎児絨毛細胞由来の DNA 断片が胎盤を通して妊婦の血液に漏れてきたものから遺伝子や染色体を検査する技術。これまで、日本では特定の認可施設で 35 歳以上の妊婦を対象に検査を行ってきた。13、18、21 トリソミーを確率的に診断するもの。信頼性は高齢妊娠ほど高いが、確定診断ではなく、スクリーニング検査である。「陰性」と言われたらかなり安心できるが、「陽性」の的中率は必ずしも高くないので羊水検査で確認が必要。

という気持ちが強くなりました。やがて、学会でも批判的な意見を言うようになり、長い年月がたちました。

　ところが最近、また少し考え方が変わってきました。背景には医療技術と現代遺伝学の進歩があります。医療現場にも新しい波が押し寄せています。特に産科医療の現場で大きな動きが起こっています。胎児の形態や一部の機能が超音波診断機器でよく見えるようになったこと、それから遺伝子の検査を含め色々な検査が受精卵や胎児の段階からできるようになってきたのです。もしここに産科の先生がいらっしゃったら叱られるかもしれませんが、今までの産科臨床ではどちらかというと胎児より妊婦が対象で、胎児が流産しないように管理し赤ちゃんを無事に出産させる、それが目標だったのです。

　ところが、最近になって胎児の医学的管理そのものを対象にしようという動きが始まっています。そういったかなり先端的な医療をめざしている診療所が大阪にあります。医師の名前は夫律子先生とおっしゃるのですが、国内よりも海外でその名が知られています。たまたまその先生とお話する機会がありました。お話を聞くうちに、これまでの私の経験や遺伝学の知識を生かせる分野かもしれないと感じて、その仕事をお手伝いさせていただくことになりました。

　始めてみると、単に新しい医療の将来性を感じるだけでなく、いままで出生前診断について行き詰まりを感じていたことに新しい方向性が見えてきた感じがしています。そのあたりの気持ちを今日は皆さんにもお話するつもりです。

生命科学の立場から人間を考える

1）胎児の発生から誕生まで

さて、会場の皆さんの中で、お子さんをおもちの方はどのくらいおられますか？

　何人かの方から手が上がりましたね。今日、話をする皆さんは若い方と聞いていたので意外です。それでもやはり若い方が多いので、少しわかりやすく話をいたします。黒板に漫画（下図）を書きながらお話しします。赤ちゃんがどんなふうにできてくるのか、その流れのお話です。30年以上前から大学ではこんな講義をしていました。内容は大分変わりましたけどね。

これは精子です。こちらは卵子。この2つが受精しますと受精卵ができます。細胞が2つに分かれ、4つに分かれ、たくさんに分かれていきます。きりがないので途中省略しますが、9ヵ月経つと赤ちゃんが生まれてきます（赤ん坊の絵。会場から笑い）。

　これは胎児の発生の話なのですが、細胞の塊からどうして人間の「赤ちゃん」ができ上がるのか不思議ですね。現代でもまだはっきりとは解明されていません。ただわかっていることは最初の受精卵の中に1セットの設計図が入っていることです。何枚の設計図が入っているか知っていますか？　実は46枚の設計図が入っているのです。これは染色体といわれているものです。皆さん、顕微鏡か写真で実物の染色体を見たことがありますか。中学、高校くらいで習ったでしょう。人間の細胞を顕微鏡で見たら、いつでも染色体が見えるのではなくて、細胞が分裂する時に一瞬見えてくる構造物です。

　難しく考えないで染色体は一枚一枚の設計図と考えてください。一枚一枚の設計図に情報がたくさん書かれています。どこまでが一つのまとまった情報かと考えると難しい点がありますが、人間では2万以上の情報がここに書かれていると言われています。赤ちゃんはこの情報どおりに作られていきます。

　一つ一つの情報単位は専門的に言うと遺伝子と呼びます。遺伝子というと難しく聞こえますが、要するに設計図に書かれた情報なのです。遺伝子を乗せている入れ物が染色体ということです。この設計図がどうして46枚なのかというと、実は精子と卵子に23枚ずつ設計図が入っているのです。精子あるいは卵子に入っている遺伝情報をひとまとめにしてゲノムといいます。ゲノムというのは1つの生き物を作る情報群の基本単位です。ですから皆さんの身体は2つのゲノムで作られています。受精卵は2つのゲノムをもっているのです。人間は2倍体生物といって2つのゲノムから1つの個体ができています。地球上の生物には1つのゲノムで1つの個体を作っているものもたくさんあります。人間に男性と

2章　生命科学の立場から人間を考える

女性のロマンスが生まれるのは人間が2倍体生物だからなのですね。

　それではゲノムはどうやって作られるのかと言いますと、お父さんとお母さんの存在が必要となってきます。昔から私はこういうやり方で説明しているのですが、（コピー機の絵を描く）これはコピーの器械です。これは、お父さんとお母さんの身体を作った時に使った2つのゲノム、すなわち46枚の設計図をコピーして、半分だけを精子や卵子に入れる器械なのです。ですから、お父さん、お母さんの遺伝情報の半分が精子や卵子に入ってきます。もちろん、人間の体内に電気製品のコピー機はありません。実際には成熟分裂（減数分裂とも言います）という特殊な細胞分裂の過程で、DNAの複製という化学的な方法でコピーしています。

　精子や卵子をどのくらい作るかというと、男性は思春期から70〜80歳くらいまで何千兆個も精子を作り続けます。では女性の皆さんはいくつくらい卵を生んでいるか、知っていますか？「えっ」というような顔をされていますが、本当に生んでいるのですよ。小さくて見えないし、鶏の卵のような殻はありませんけどね。毎月1個ずつ卵を生んでいます。排卵が始まってから閉経までの期間を考えると、いくつくらいの卵を生むか大体わかりますよね。一生のうちに400〜500個は生んでいるはずです。毎月排卵されてくる卵にうまく精子が受精したら、受精卵ができ、子宮の壁にくっついて、発生が始まり、人間に育っていくわけです。

　ゲノムを設計図に例えましたが、若い方にとっては「例え話」よりもゲノムで話をしたほうがわかりよいかもしれませんね。ゲノムは23本の染色体でできていますが、染色体はヒストンなど形を作るタンパク質に巻きついたDNAという核酸がつながったものでできています。目に見えない人間の小さな1個の細胞がもっている染色体のDNAを1本の糸につなげると1メートル以上になります。核酸は4種類の塩基が連なったもので、この配列コードが遺伝情報なのです。3つのコードが20種類のアミノ酸の1つを決める情報になっています。1つのゲノム、す

なわち23本の染色体には2万以上の情報が書かれていると言いましたが、これは構造遺伝子といってタンパク質を作るための情報です。ゲノムに相当する設計図1枚にはぎっしりと塩基配列コードが書かれていますが、頁の1％くらいは構造遺伝子と呼ばれるタンパク質を作る情報で、エクソンと呼ばれます。

このゲノムは、われわれ人間のような真核生物と呼ばれる生物では核と呼ばれる「金庫」の中にしまわれていますが、RNAと呼ばれる核酸がこれをコピーして、核の外の細胞質内にある工場でタンパク質を合成します。この時、イントロンと呼ばれるエクソン以外のDNAは「スプライシング」という過程で切り取られてしまいます。エクソンは確かに「目に見える」構造物を作るための遺伝情報ですが、ゲノム全体の99％くらいのDNAはジャンクDNAと呼ばれ、遺伝情報としては意味不明で、タンパクの合成につながる情報をもっていませんが、その本体はまだ謎が残っています。20億年の進化の名残なのか、何か「いのち」の源を決めるような情報があるのか、今後の生命科学の発達の「楽しみ」な部分です。

現代進化学の最大の謎は、エクソンをゲノム編集で少しくらい「いじって」も種を越えるような大きな進化は起こらないのです。「例え話」で「わかったような」説明をしましたが、まだ生命科学でも「わからない部分」がたくさんあることを白状しておきます。

2) 種としての人間

では質問です。（黒板の胎児の発生の絵を指さして）どこからが人間ですか？ 例えば精子や卵子は人間ですか。では、受精卵は人間ですか。人間の定義は何でしょうか。少し生物学的に考えましょう。私たち、現代の人類はいつ頃から地球上に出てきたか知っていますか？

　200万年以上昔に猿人からアウストラロピテクスと呼ばれた原人が分

2章　生命科学の立場から人間を考える

かれ、いくつかの亜種となり進化してきました。20万年くらい前にホモ・サピエンス・サピエンス（学名）、すなわち現生人類が現れました。最初の頃は原人の亜種であるネアンデルタールと共存していた時代があります。そしてネアンデルタールは滅びてしまった。その後、ホモサピエンスが地球上で人類の中心になっていったのです。

少し難しい質問をします。日本人と白人、日本人と黒人、これは同じ種ですか？「種」はご存知ですよね。

　18世紀にリンネという学者が主として植物を分類して地球上生物の種を決めていきました。有名なダーウィンの「種の起源」という本もありますよね。種とは一体何でしょう。
　人間を分類するとどうなるのでしょうか。ネアンデルタールとホモサピエンスは同じ種でしょうか。ネアンデルタールよりもっと古い、猿に近い原人は同じ種でしょうか。チンパンジーと人間では？　遺伝学の立場から言いますと、チンパンジーと人間のゲノムの98％以上は同じです。窓の外に生えているオリーブの木だって皆さんと同じ遺伝情報を少なからずもっています。

種の定義の問題です。
　先ほどの質問で、会場には（日本人と黒人は種が違う）とおっしゃった方がおられましたよね。種の定義は簡単に言うと、結婚して、子供が作れる・・・すなわち交配ができる生物集団なのです。ですから東洋人と黒人は同じ種です。これは絶対に間違えないでくださいね。亜種という概念は現生人類にはなく、全部同じ種です。皆さんは、「人種」という言葉にまどわされたのかもしれませんね。私たちが日頃、口にする「人種」という言葉は「大人」とか「子供」といった見掛け上の区別で、生物学的な分類である「種」とは違います。

さて、ネアンデルタールなどアウストラロピテクス属の亜種の人類とホモサピエンスの間で混血があったかどうか、論争になっていますが、よくわかりません。フランスではネアンデルタールとホモサピエンス（この仲間はクロマニヨンと呼ばれています）が同じ時期に同じ地域で生活していた遺跡が証明されています。しかし混血があったかどうかはよくわかりません。あったという説と、なかったという説の両方があります。小説の世界ではSF作家のグレッグ・ベアが、「ダーウィンの使者」という作品で、このあたりのミステリーを扱っています。

皆さん、なんとなく「すっきりした顔」をされていませんね。「人類の起源」の話はロマンがありますが、まだよくわかっていないことが多いのです。皆さんの理解を深めるために、少し脱線することを許してもらいましょう。

私も人類遺伝学の研究者としてやはり「人類の進化」や「日本人のルーツ」には興味をもっています。先ほどの話の繰り返しですが、現生人類のホモサピエンス（あるいは新人と呼ばれます）は20万年前にアフリカに誕生した一つの種なのです。ミトコンドリアDNAの研究から推測されています。この現生人類は10万年ほど昔にいわゆるグレートジャーニー（移動）を開始し、数万年かけて全世界に拡がりました。途中で色々な変異が起こり現在の人種が生まれたとされています。

日本は当時、大陸と陸続きでしたので、北方ルートを伝わってシベリア付近にたどり着いた現生人類の一部が2万年ほど前に「マンモスを追って」北海道に入ってきたといわれています。1万数千年前には北海道の現生人類は津軽海峡を渡って南下して定住したのが日本の縄文人のルーツという説があります。

もう一つの説はもっと昔に海を渡って南方から入ってきたという説です。現生人類の一部は北方ルートの人類より早く南シナ海付近にあり、今は沈んでしまった古大陸までたどり着いていました。一部の人類が島

2章 生命科学の立場から人間を考える

伝いに南九州から中国・東海地方に定住し、高い文明をもったという説です。南九州に定住したこの人類の多くは7000年ほど昔の噴火活動でほとんどが絶滅したのですが、近年になって南さつま市に遺跡が発見されています。これらも「いわゆる」縄文人なのですが、使用した土器はいわゆる縄文土器とは少し異なるようです。

その後になって朝鮮半島から高い文化をもった渡来人(これも現生人類)が流入して、すでに定住していた縄文人と接触しながら現代の日本人の祖先である弥生人になっていきました。いわゆる「神話の時代」の始まりです。

日本の土壌は人骨が残りにくいので研究が進まないのです。遺伝学の話になりますが、日本人の半数は「アルコールに強く」、40％は「弱く」、10％は「とても弱い」ことが知られています。これはALDH2というアルコールを代謝する酵素の遺伝子の優生ホモ、ヘテロ、劣性ホモという組み合わせ状態で決まります。北方や朝鮮半島から流入した現生人類はヨーロッパの他の国々と同様、90％以上が優生ホモで「お酒が飲める」民族です。ところが南アジアや太平洋の島々の民族は「お酒が弱い」人々が多いことが知られています。現生人類の中で南寄りのルートで拡がった人類の中でアルコール代謝の遺伝子の変異が広まったと考えられます。日本人の起源については最近、北方ルート説が有力ですが、このような遺伝子の研究からも南方から流入した人類がいたことは確かだろうと思います。

学校で習う縄文人とか弥生人という分類は文化的に分類したもので、人類学的には科学性に劣ります。現代では遺伝子多型など先端科学を駆使して研究が進められています。が、いずれにしてもルーツはアフリカに発祥した現生人類に間違いないと考えられています。ところが最近の研究では、これらの現生人類が日本に入ってくる前にすでに日本列島には人類の祖先がいたらしいのです。旧石器人類とでもいうべきなのですが、10万年以上の昔ですから現生人類とは考えられません。これから

はこの分野では素人の私の考えですが、現生人類より15万年以上昔に誕生し、高い文化をもっていたネアンデルタールや他の亜種の人類の子孫だったのかもしれません。これらと現生人類の混血が日本人のルーツかもしれないのです。DNAの研究からもネアンデルタールと日本人には共通の変異が見つかるとの最近の報告もありますし、日本人には大陸人にはないDNA変異が見つかることも事実なのです。現生人類が種内変異と適応を繰り返しながら多くの「人種」に分かれていったというのが定説ですが、もしかしたら、すでに世界各地に定住していたネアンデルタールと現生人類との混血が大きな変異を生みだしていったのかもしれません。このほうが「ロマン」があるかもしれませんね。

　私も基本的な集団遺伝学は勉強しているつもりですが、この分野はミレニアムを迎えて、ミトコンドリアやY染色体のハプロタイプ多型分析など、分子生物学の手法により次々に新しい事実が解明されています。「素人の特権」として自由に想像をめぐらせましたが、正確には専門書をお読みください。

　「現在の人類はすべて同一種」と強調しましたが、まだ謎が多いことも事実なのです。

　いずれにせよ、発生の途上でどこからが人間なのか、現代の科学では決められません。昔の進化の学説の中には、「妊婦のお腹の中で起こる個体発生は、地球上で長い時間をかけて生物が系統発生してきた歴史を繰り返している」という説がありました。後で触れますが、「優生論」が盛んな時代には、黒人やアジア人は、この「繰り返し」の中で「未熟な状態で生まれてきた人間だ、だから劣等民族だ」と誤って考えられた時代もありました。

　ダウン症を初めて報告した医師のダウン博士は、白人のダウン症の子供の顔貌がモンゴル人に似ていることから、「個体発生は系統発生を繰り返す」という説が正しいことを証明できたと論文に書いています。白

2章 生命科学の立場から人間を考える

人の個体発生が何らかの理由で遅れると発育不全のモンゴル人様の子供が生まれるのだと考えたのです。しかし、その後、モンゴル人の中にもダウン症が生まれることが判明し、さらにダウン症の原因が染色体異常であることがわかりました。昔はダウン症のことを「蒙古症」あるいは「モンゴリズム」と呼んだ時代もあるのですが、人種偏見という声があがり、現在ではダウン症あるいは21トリソミーと呼ぶようになりました。

3) 人間の定義についての法律的背景

では人間の定義を別の角度から考えてみましょう。

法律的に日本国民として登録されるには出生届が必要です。出生届が提出されて初めて日本人という人間とみなされるのです。後で大事な問題になってきますが、生まれる前の胎児は日本の法律では「女性の付属物」となっています。人間としては認められていません。

海外の一部の国では宗教的に、12週目になると人間としての属性が宿るとされ、胎児は人間として扱わなくてはならないという国もあります。南アメリカのカトリックの色彩の強い国々では16週を過ぎて行う羊水検査が、宗教的理由でできないため、10週以前の早い時期に絨毛検査が盛んに行われた時代があります[*1]。さらに生殖医療の技術が進むと、受精直後の段階における検査をはじめ色々な操作ができるようになってきました。受精卵を操作しようと思うと12週では遅すぎるのです。もっと早い段階から、どこからが人間なのか決めなくてはならない。

もう20年も昔になりますが、イギリスではこのためにワーノックという女性が委員長となり、国をあげて議論した結果、「受精してから2週間経ったら人間としての尊厳を考えなくてはならない」と提言しました。この提言に従って法律が整備されたのです。逆に2週間までなら受精卵

[*1] 流産リスクの問題や胎児発生への影響があるため、現在は早期の絨毛検査は行われていない。

は人間ではないから自由に研究材料として使ってよいということです。

現代では多くの国で人間の受精卵の科学的な操作には、排卵直後から倫理的な規制が課せられています。わが国でも2001年に「ヒトのクローン技術等の規制」に関する法律が施行されていますが、規制を強化すべきという意見や産業育成のレベルから緩和すべきという意見など、関係省庁により意見がまとまっていません。日本では当たり前になった体外受精や着床前診断もクローン技術の人間への応用ということで、ヨーロッパでは厳しく規制されている国もあります。このように胎児発生の途上でどこからが人間なのか、科学ではなく社会的に決められているのが現状です。

4）生命論による人間の理解

普段、無意識に使っていた「人間」という言葉について、少し理解が深まったと思います。今度は地球上の「生命」、わかりやすく言うと「生き物」について、われわれがどのように考えているか、お話したいと思います。

皆さんもご存知の進化論は生物の「種の進化」を考える学問ですが、20世紀後半には生命そのものの進化を議論する生命論という学問分野が盛んになっています。この領域は私も大好きなのですが、生命学者の一部には人間をはじめ生物の「生命」は個体ではなくゲノムを中心に考えるべきではないかという意見があります。SFチックな話ですが、人間の生命の本態はゲノムであり、2つのゲノムが一緒になって人間としての1つの身体を作り、それによって生命の最も重要な機能、すなわち子孫を残すという仕事をしているのだというのです。基本的にはゲノムが人間としての属性をもっていると考えるべきではないかというのが大体の考え方なのです。

それでは、チンパンジーと人間のゲノムを比べると98％以上共通する部分がある、オリーブの木と皆さんとでもたくさんの共通部分がある、

2章　生命科学の立場から人間を考える

これをどう考えるのか。これも生命論の一部の学説ですが、生命は1つの「地球型生命」と考えるべきだというのです。動物も植物も、つきつめると地球型生命として源は1つだというのです。地球上には植物から動物まで多様な種がありますが、「地球型生命が生き延びるために適応の一つとして多様な種を作っている」と考えるのです。

　私たちは種の絶滅について危惧しています。絶滅が危惧される種はできるだけ保護しなければならないというのは、「環境論」では常識ですよね。種の保存にはアウトドアライフが好きな私も大賛成です。でも、このような生命論の立場からは、「種の絶滅や進化は地球型生命が生き残るための一つの適応にすぎず、人類の浅知恵で余計なことをしなくてよい」と言うのです。

皆さん、ジュラシックパークという映画を覚えておられますか？

　映画ではカエルやトカゲなど現代の生物のゲノムをもとに、恐竜の遺伝子の一部を導入して3億年前の恐竜を作り出しました。もちろん映画の話で、実際に恐竜を作るとなると越えなければならない問題がまだたくさんあり、カエルのゲノム操作で恐竜を作ることはできないというのが現代生命科学の常識です。遺伝子の入れ替えで起こるのは「小さな変化」で、種を越えるような「大きな変化」がなぜ起こるのかは、現代進化論の謎でもあります。

　ただ、もし人間が戦争など浅はかな行為で滅びてしまっても、人間がもっているゲノムの個々の情報は他の種に保存されています。将来、地球型生命が「必要」と思えば、再び人間と似たようなものが出現するかもしれません。そういった形で地球型生命は変化する地球環境の中で生き残りを賭けているのではないかと。かなりSF的な話になりましたね。

　ちなみにゲノム操作により遺伝子を入れ替える技術は現代ではゲノム編集と呼びます。昔はウイルスなどを使って偶発的に遺伝情報の入れ替

えを行っていたのですが、現代では自由に操作ができるようになりました。ゲノム編集技術は医学の領域では遺伝子治療にも使えますし、21世紀の遺伝学と医学の中心課題はゲノム編集にあるといって過言ではありません。

皆さん、「もう、話についていけない」といった顔をしていますね。もう少し頑張ってください。さて、誰もが「いのち」って大切だと考えていますよね。それは人間だけの生命（いのち）が対象ですか？　他の動物や植物はどうでもいいの？　生命の尊厳といった時、それは人間だけが対象ですか？

　遺伝学の立場では生命そのものを選別して序列をつけることはできないということを言いたかったのです。もちろん私たちは人間社会で活動しています。人間が地球上で適応していく、そのためには人間同士が力を合わせなくてはならない、だから人間中心の考え方になるのは当然のことです。動物だって動物中心の考え方で自然の中で適応しているはずです。それは構わないのです。

　大阪に府立看護大学という大学ができた時、最初の教授の一人として私も赴任しました。教授会メンバーにアメリカ人の教授も一人加わりました。彼女は最初の教授会で「看護では命の尊厳を一番大事にする、だから私はベジタリアンで、絶対に動物の肉は食べません」と就任の挨拶をしました。私は生命科学の立場からは「動物も植物も命は同じだよ」と言ってやりたかったのです。「野菜と貴女のゲノムには共通なものがたくさんありますよ」と。「貴女のような考え方がかえって地球環境を破壊し、結果的には人間の命にも返ってくるのだ」と。英語でそれをディベートするのは大変なので黙っていました。なかなか難しい問題があります。

　とにかく、人間はこのような形で発生を繰り返してきました。遺伝学

2章　生命科学の立場から人間を考える

では人間の寿命を20〜30年で計算します。これを一世代と言います。そうすると最初の人類ができて、今までに1万世代くらいの時間が経過しています。

5）生命論から人間の「いのち」を考える

やっぱり皆さん『もうたくさんだ』というような顔をしていますね!?

(受講生：「いや、*面白いです！*」との声)

今、面白いとおっしゃった方がいましたので、もう一つ、生命の根源にかかわる問題をお話したいと思います。
　先ほど、人間の手でゲノムを操作する「ゲノム編集」の話をしました。実は1960年代からすでにクローン技術が開発されています。その流れの一つとして、iPS細胞を利用した医療技術がすでに実用化されています。

例えばの話ですが、貴女の身体から細胞を取り、その細胞からクローン個体を作って保存しておきます。もし貴女が事故や病気で臓器移植をしなければならなくなった時、保存しておいた貴女のクローン個体を移植のドナーとして使うというのはどうですか？

(受講生：「それって、私の妹から臓器をもらうような感じですか？」)

　とても大事な点を指摘されましたね。正確には一卵性の妹から臓器をもらうようなものです。でも臓器を取ったら、そのクローン人間は死ぬかもしれません。本当の妹さんだったら、とても臓器をもらえないかもしれませんね。クローン人間に「人権」はあるのかという問題です。
　では、そのクローンから人間として大切な「考える機能をなくした」

状態で個体を保存していたらどうですか。SFみたいな話です。ロビン クックというアメリカの作家の「コーマ（昏睡）」という小説では脳死で死亡した人体を、こっそりと保管しておいて、臓器売買するという話を扱っています。また、「ブラジルから来た少年」という映画は、クローン人間の活用をテーマにした最初の映画です。私の大好きな映画なので、簡単に紹介しましょう。

　第二次世界大戦が終わる寸前に、実在上の人物で悪名高い医師のメンゲレ博士が、アドルフ・ヒットラーの身体から細胞を採り、その核を受精卵に入れてたくさんのヒットラーのクローン人間を誕生させたというお話です。ドイツが戦争に負けても、やがてクローン人間のヒットラーが再び第三帝国を復活させるだろうと考えたのです。メンゲレ役のグレゴリィ・ペックをローレンス・オリビエが演じたナチス犯罪追及機関のメンバーが追いつめていくという筋書きです。1968年に人類がイモリの実験でクローン個体を作るのに成功してから10年後にこの映画が作られました。

　この映画は人間の「生命」の根源にかかわるテーマを扱っています。私が講義をしている生命倫理学ではよく扱うテーマなのですが、先ほど紹介した生命論の立場からの考え方をお話しましょう。

　哲学とは違って、生命論で扱う「生命」は個体としての人間が脳のような「高次精神機能」をもっているかどうかは問題にしません。1個の細胞の中に含まれているゲノムの重要な働きは「自律性」と考えます。最も基本的な機能は自己増殖機能ですが、「自分の判断（？）で環境に対して反応できる」という機能なのです。その機能は単細胞の生物ももっています。しかし、人間はもちろん、多細胞生物では個体として統一した行動がとれるように脳のような高次機能をもった組織や器官を作っているのです。ところが、そのような高次機能をもつ組織や器官を作り働かせるための情報は個々の細胞にあるゲノムがもっているはずです。

2章　生命科学の立場から人間を考える

　最初の話に戻りますが、もしクローン人間から脳を取り出して（移植用に脳も保存しておくという話もありますが）保存しておいても、ゲノムは身体のどこかに「脳に替る」組織をつくり、個体を「自律的」なコントロールができるように変えるかもしれないというSF的な「お話」もあります。

　生命論の話になると、どこまでが真面目な話か、どこからがSFなのか、わからなくなりますね。私が本日、指摘したかったのは、生命科学で扱う「生命」と、人間社会で扱う「いのち」は必ずしも同一ではないということなのです。

　「どこからが人間か」という話と同じなのですが、人間は社会的動物ですから、社会的立場から「生命」を定義しています。法律で人間の死を「心臓死」で決めるか、「脳死」で決めるか、国民的論議をしてまだそれほど日がたっていませんよね。

　本日は、生命倫理学についても話をする予定ですが、生命倫理学の倫理原則では、われわれが「自分で決定できる権利」、すなわち「自律の原則」を最も大切にします。これは第二次世界大戦中の非人道的な行為の反省に源があるとされていますが、生命論的な「生命の証し」である細胞の「自律性」とよく似た考えですよね。クローン人間、臓器移植、iPS細胞の利用、ゲノム編集など現代医学は生命倫理に深く関わっていることをご理解ください。

ここで話の区切りはついたので、休憩に入ろうかと思いますが、皆さんのお顔を拝見して、「もう少し、いじめてみようかな」という気持ちが起こりました。

　人口の高齢化もあり、今後、人工知能AIが私たちの生活にどんどん入ってきます。今日のテーマとは違いますが、生命がもっている「自律性」という機能は「人工知能」でカバーできるかという議論があります。昔はロボットがロボットを工場で生産するようになると、生命の

定義の一つでもある「自己増殖」も可能ではないかという意見もありました。そんなに単純な問題ではありません。確かに、人工知能は「膨大な経験」を基に、見掛け上は「自律的判断」ができるようにすることが可能です。

　ところが、生物は基本的行動を決める情報のかなりのものが最初からゲノムに入っています。ですから、多くの動物は親から学ばなくても種特有の「本能的な行動」がみられるのです。ここがAIと違うのです。ただ、人間はネオテニー、「幼形成熟」といって、未熟な状態で生まれてきて、何年もかかって人間としての行動パターンを学習します。ゲノムの98％が共通のチンパンジーと人間が大きく違う点です。この間に脳などの高次精神機能の発育が促されるため、高度の社会生活が営めるようになったのです。それでも人間のゲノムの中には、やはり多くの人間としての基本的な思考パターンや行動パターンが織り込まれているというのが定説です。人工知能は倫理判断が苦手と言われていますが、そのあたりも生命体である人間の本質につながっているのではと私は考えています。

　「地球型生命の一つの形である人間がゲノムをいじることを、地球型生命はどう思っているのだろうか？　もし、『一線を越える』と生命そのものが絶えるかもしれない、そんなことを40億年の歴史をもつ地球型生命が許すだろうか」なんて考えますと、またSFの話になってしまいますので、この辺で止めておきます。

3章 先天異常をめぐる医療現場から

1）障害を正しく理解しよう

話がどうしても現実から離れますので、今から医療の話に入っていきます。

　色々な障害をもって生まれてくる赤ちゃんは少なくありません。「障害の重い軽い」を皆さんはどこで区別しますか。病気をもっていることが障害ですか。会場の皆さんの中には眼鏡をかけている方が結構いらっしゃいますね。

　眼鏡をかけている貴男に聞きます。近視は障害ですか？　自分が障害者だという自覚がありますか？　障害者手帳はお持ちですか？　確かに近視は障害の一つではあります。でも少なくとも「重い障害」とは思っていないでしょう？　でもね、それって貴男が日本に住んでいるからなんですよ。もしアフリカのジャングルの中で生活をすることになったとします。近視というのは重篤な障害です。眼鏡が壊れたらもう木の実も探せない、動物を狩ろうと思っても逆に狩られます。そういう意味で、障害の軽重は絶対的基準では決められないのです。本人のもっている障害の程度と、それを受け入れる社会の要件で障害が重いかどうかが決まるのです。

　小児科医は子供が将来、「社会的自立ができるかどうか」という基準で障害の重さを判断します。

　さて、その基準で比較的重い障害を負って生まれてくる赤ちゃんはどのくらいいるかご存知ですか。日本でも欧米でも20人に1人くらいに

社会的自立が問題となる子供が生まれています。軽いものも含めると先天異常の発生率は10人に1人くらいと言われています。

（え〜）と言う皆さんの声が聞こえましたね。確かに20人に1人だったら会場の皆さんの中に障害をもった人が数人はいてもよいはずですよね？　おかしいですよね。でもこれは重い障害をもった方は今日の研修に参加していないということに過ぎません。このことを医学ではサンプリングバイアスといいます。集団をサンプリングした時に偏っているのです。

障害の中でも知的な発達障害は日本では重い障害の一つです。小学校の「普通学級」で見つかる程度の軽い自閉的傾向とか、あるいは学習障害、多動傾向などのかなりの部分を、私たち小児科医は「重い」障害とは考えていません。

普通学級に行けない子供もたくさんいるのです。生まれてくる赤ちゃんを偏りなくサンプリングして、10歳くらいまでフォローします。そうしますと、大体20人に1人くらいは社会的自立が問題となるような障害が見つかります。なぜそんなに多いのか、それについて考えていきましょう。これから子育てをされる女性には興味のある話だと思いますよ。

2）先天異常はどれくらい生まれているのか

では、貴女に聞きますね。仮に貴女が結婚していると仮定します。さっき話しましたように、貴女は毎月1個の卵を排卵しています。たまたま精子と出会って受精したとします。受精卵の段階で染色体に異常が見つかる割合がどれくらいか知っていますか？

最近はゲノムという言葉が一般化していますが、ゲノム変異の中で目に見えるような大きな変異が染色体異常です。先ほど黒板に漫画を描きましたが、1本の染色体は1枚の設計図と考えるとわかりやすいと思い

3章　先天異常をめぐる医療現場から

ます。1個の受精卵には設計図が46枚揃っていますが、設計図の枚数が違ったり破れていますと、そこに書かれた情報がうまく読めない。その状態で生まれてくる赤ちゃんは身体のあちこちに障害があります。これが染色体異常という病気です。日本人全体では細かな異常まで含めますと染色体異常をもった赤ちゃんがおよそ100人に1人は生まれてきます。

　染色体の異常のすべてが「重い」障害の原因になるわけではありませんが、およそ数10％くらいは社会的な自立の障害原因になります。ただ、社会的な自立には影響しない染色体異常もたくさんあるということも知っておいてください。

　兵庫医大で教えていた頃、医学生を相手に染色体の標本を作る実習を行っていました。最初は一人ひとりの学生に自分の血液を採血してもらって標本を作っていたのです。すると時々、染色体の変異が見つかるのです。これはまずいということで、染色体に異常がないとわかっている培養した細胞から標本を作る実習に変更しました。会場の皆さんの中にも、これだけの人数がいたらご自身にとっては障害の原因にならない染色体異常をもっている方が、何人かいても不思議ではありません。

　さて、受精卵の段階で染色体異常をもっている可能性はどのくらいかという話に戻りましょう。貴女を20歳の女性と仮定しましょう。排卵誘発して10個の卵子が採れたとします。そこにパートナーの精子を振りかけて受精卵を10個作ります。そのうちの何個が染色体異常でしょうか。実はね、ショックを受けないでくださいね。10個の受精卵の中には3個くらいの染色体異常が見つかるはずです。約30％ですね。40歳でしたら50％は染色体異常です。私のクリニックには42歳とか、44歳という方がよく来られます。その頃になりますと60％以上は受精卵の段階で染色体異常です。（え〜っ！）と思うでしょう？

もう 30 年以上も昔のことですが、私たちは女性の卵子や男性の精子の染色体の研究をしていました。精子についてはハワイの日系のアメリカ人、卵子は北海道大学のグループが染色体異常の頻度を最初に報告しました。専門用語では配偶子と呼びますが、誰でも卵子や精子の 15 〜 20％に染色体異常が見つかります。ですから、受精卵の段階で染色体異常がたくさん見つかっても不思議ではありません。

　ところが、実際に生まれてくる子には 1％前後にしか染色体異常は見つかりません。このことが大事なことなのです。これは染色体異常をもった受精卵や胚が途中で淘汰されているのです。受精してから 3 〜 4 日目に初期胚は子宮にくっつくのですが、それまでに半分以上の初期胚は発生が止まってしまいます。おそらくその中に染色体異常がたくさんあるはずです。うまく子宮にくっついて初めて妊娠とわかります。妊娠とわかり、生まれてくるまでの間に 15％くらいの胎児は亡くなります。特にファースト・トリメスターと呼ばれる妊娠 1 期（10 〜 12 週くらいまで）に初期流産した胎児の半分以上は染色体の異常が原因です。染色体異常は受精の段階では、たくさんできていて途中でどんどん淘汰され、生まれてくるときには全体で 100 人に 1 人くらいになっているのです。

　残りの半分の流産の原因は、おそらく遺伝子の異常などゲノム異常がたくさんあると予測されます。設計図に書かれた情報に大きな間違いがあって、そのために淘汰されているのです。淘汰の機構はまだよくわかっていません。情報の誤りのためにうまく発生が誘導されないだけでなく、胚細胞から出る色々な異常シグナルが流産の原因になっているのではないかと思われます。

　染色体や遺伝子の異常は配偶子の段階でできるだけでなく、胎児の細胞が増加する発生分化の途上でも起こります。これも先天異常の原因になります。重い障害をもった赤ちゃんのかなりの部分は流産している。これが自然の姿なのです。

3章　先天異常をめぐる医療現場から

3）先天異常はなぜ生まれるのか、生命論の立場から考える

　一見、非常に無駄なことが起こっていますよね。人間を作った神様の手違いだったのでしょうか。なぜこんなことが起こるのでしょう。

　実は生命が地球環境の中で、生き残るための大きな知恵が背景にあるのです。皆さんの中には魚釣りを楽しまれる方もいるでしょう。大きな魚ですと一度に10万匹くらいの子供を生みますよね。その中で大人になって生殖行動ができるまでに育つのは何匹くらいだと思います？ 1匹か2匹です。何故そんな無駄なことをしているのでしょう。

　地球上に生命が誕生しておよそ40億年です。現生人類ができて20万年と言いましたね。タイムマシンを作って今から20万年前の地球に行ったとしましょう。おそらく皆さんは生きていけないと思います。地球環境が現代とは全く違います。地球温暖化とか、そのような小さな変化ではありません。大気の組成とか、放射線のレベルとか、生命活動に影響するような違いがあります。地球の環境が変わっていく中で、生命が生き残っていくためにどうすればいいか。魚はそれを自然の淘汰に任せているのです。たくさん卵を作って、実はその中に突然変異と総称しますが、染色体や遺伝子の変異をたくさん起こしています。先ほど黒板に描いた漫画のコピー機には色々な変異を作るという大切な役割もあるのです。精子や卵子ができた段階では染色体異常だけでなく、微細なDNA変異や遺伝子変異がたくさん起こっています。当然、受精卵にも多くの変異があります。これらの変異はあらゆる方向性に向かって起こり、その中でたまたま環境にぴったり合うものがあれば、それが生き残っていくだろうということなのです。

　魚のようにたくさんの子供を生むことは人間にはできません。人間は出産までの9ヵ月の妊娠期間中に流産機構という形で対応しています。これを産科の先生に言うと叱られるかもしれません。せっかく妊娠したのに流産するのは気の毒だ、流産は悪いことなので防止しなくてはいけ

ないという立場で現在の産科医療は行われています。それはそれで良いのです。母体側の原因で流産を繰り返す妊婦さんもいます。これは治療しなくてはなりません。「いのち」を尊重し、社会の規範を守るためにも胎児の命を助けるというのは医療従事者にとって好ましい姿かもしれません。

　しかし、生命科学の立場からはかなり多くの流産は人間が地球に適応していくために絶対に必要なもの。胎児の突然変異はいろんな方向性に向かって起こるのだということが非常に大切なのです。

　染色体異常の発生の原因となる生殖細胞の突然変異についてお話ししましたが、これらの変異は生物の進化の方向性を大きく変えるような「大きな変異」ではありません。「適応」のレベルの漸進的な変異です。ダーウィンは「突然変異の積み重ね」を進化の原動力と考えました。大筋では間違っていないのですが、種を越えるような「大きな変異」は、突然変異の積み重ねだけでは説明できません。ですから、人間から他の動物が生まれるなんてことは絶対にあり得ませんから安心して下さい。

　日本人でノーベル賞をもらわなかったのが非常に不思議だといわれている木村資生（もとお）先生という方がいらっしゃいました。先生は若くして亡くなったのですが、私も30歳代に、現在も静岡県三島市にある国立遺伝学研究所で木村先生のゼミを受けました。数式を使った理論が難解で苦しんだことが良い思い出となっていますが、先生が書かれた「集団遺伝学概論」は人類遺伝学を学ぶ学生のバイブルになっています。木村先生は突然変異中立説を実験結果から証明されました。これは現代進化論の中心的な考え方です。突然変異の方向性は決まっておらず、あらゆる方向性に向かって変異をしていく。多くの変異は「有害」でも「役に立つ」変異でもなく、「中立的な」変異に見えるというのです。

3章　先天異常をめぐる医療現場から

4）有害でない突然変異など本当にあるのか

　さて、母体が20歳の妊娠で30％、35歳で大体40％、40歳になると50％くらいの受精卵に染色体異常が起こっています。母体の出産年齢に応じて増えてくる染色体異常は、ほとんどがダウン症です。高齢出産で多少増加する染色体異常もありますが、ダウン症以外の多くの染色体異常は年齢に関係なく一定の確率で起こります。ダウン症は生まれてからの障害の程度は軽いほうですが、多くの染色体異常、特に常染色体異常は重い障害の原因になるものが少なくありません。

　突然変異は中立的な方向性をもっていると話しましたが、「染色体異常で中立的な突然変異ってほとんどないじゃないか、ほとんどは障害児になるじゃないか」との反論もあります。反論に対する反論としては、最近のDNA解析のデータがあります。一人ひとりの全ゲノムをDNA解析すると、木村先生が予言したとおり、ゲノムレベルではたくさんの中立的な変異が起こっていることが確認されています。染色体検査でわかる染色体異常は特別大きなゲノム変異で、意味不明のもっと小さいDNAレベルの変異は誰にでもたくさん起こっていることがわかったのです。

　この小さなゲノム変異が適応とか進化にとって重要な意味をもつのです。染色体異常は小さなゲノム変異が起こる途上で生じた大きな変異で、この多くは「不利な突然変異」と言えます。

　現在、日本人の遺伝子変異を調査する目的で研究チームをつくって調査が行われています。最近導入された遺伝子を読む器械にかけますと、「普通に日常生活している私たち」1人あたり50〜100以上の遺伝子変異が見つかります。多くは木村先生が予言した「中立的な変異」です。中立的変異とは言えない遺伝子異常にしても、遺伝子ですべて決まるのではなく、生まれてからの環境や生活習慣とのかねあいで病気が出てくることがわかっていますので、有害と決めつけてはいけません。ただ、

出生前診断などで「お腹の胎児」の全ゲノムを調べたら、「心配でとても出産などできない」という結果になることは請け合います。

別の反論もあります。ダウン症の障害について考えてみましょう。
　確かにダウン症の方の計算能力は1桁×2桁の掛け算くらいまでしかできません。漢字混じりの日記もちゃんと書けますが、発達の遅れは確かにあります。しかし、個性もあり、一人ひとり違った人格形成もします。一般の方がもっていない才能をもっている場合もあります。それでもダウン症は知的障害者と言われます。
　「ダウン症という突然変異が環境に合致する世界などありえない」と言われる方が多いのですが、その判断は「人間の基準」に過ぎないのだと思います。人間以外の動物は喋れませんから、劣っている生物だと思いますか？　逆に都会の人間が未開のジャングルで暮すことができますか？　100メートル10秒切るようなオリンピックの選手でもライオンや豹に比べたらずいぶん遅いじゃないですか。ライオンや豹から見たら人間のほうが障害者ですよ。知的障害があるかどうかは全く人間の基準です。地球全体の生命の基準はそれと明らかに違います。知的に優れているだけが地球に適応する権利があると思ったら大間違い。ひょっとしたらダウン症の方が地球上で生き残るのに適した条件がこれから出てくるかもしれない。それはわかりません。
　とはいえ、人間として生まれてきたら普通の生活がしたいですよね。普通の学校に行き、結婚をして、子供を作って、良い会社に勤めてというのが普通の私たちの希望ですよね。そこをどう納得するかということが難しいテーマです。

5）生殖細胞のゲノム異常だけが先天異常の原因ではない

先天異常についてもう少し理解を深めていきましょう。
　100人に5人くらいの割合で障害をもった子が生まれてきます。これ

3章　先天異常をめぐる医療現場から

は避けられない現実です。染色体異常をもって生まれてくる子は1％くらい、遺伝子異常が原因の先天異常も大体1％くらい生まれています。これらの多くは生殖細胞、すなわち卵子や精子が作られる途中でゲノムに変異が起こったものです。

ところが中には、受精卵の段階では設計図や遺伝子に異常がなくても発生分化の途中で、発育が乱れてしまうことがあります。細胞が増殖する途上で細胞内のゲノムは複製されて新しい細胞に保存されるのですが、この過程でミスが起こることがあるのです。結果として一部の細胞や組織にゲノム変化が起こり、胎児の器官形成に異常が起こります。

外からの影響で発生が乱されることがあります。よく知られているのは風疹などウイルス感染です。妊娠中の特定の時期に風疹に罹ると心臓病や白内障、先天性の難聴など色々な障害をもった子供が生まれてくることがあります。サリドマイドなど妊娠中に服用した薬の影響で赤ちゃんに障害が出ることがあります。また、放射線被曝が身体の一部のゲノムに影響を与えることもあります。これらは環境要因です。色々な環境要因によって障害が発生するケースも1％くらいの赤ちゃんに見つかります。

正確に言うと、遺伝子と環境というのは表裏一体のものです。同じ環境でも遺伝子の種類や関与する複数の遺伝子によって影響が出たり出なかったりします。専門的には「多因子性」と呼ばれます。結果的には染色体や遺伝子のゲノム異常だけでなく、環境にも影響されて、100人のうち3人くらいの赤ちゃんには産まれてすぐに障害が見つかります。あと2人くらいは生まれてすぐにはわからない発達障害です。これは1、2歳になると大体わかりますが、主として機能的な障害です。社会的自立をゴールにしますと、特に大きな障害は知的障害です。

日本は義務教育の制度ができ上がっています。就学年齢に達する前年に普通小学校で受け入れられるかどうか、地元の教育委員会で審査があります。どこの教育委員会でも住民の50人に1人くらいは議論の対象

になるのです。これらの子供の多くは普通小学校の支援学級、あるいは昔は養護学校と呼ばれた支援学校で受け入れます。これらすべてを合わせると100人に5人の赤ちゃんは障害をもって生まれてきているというのが現状です。先ほど申し上げた20分の1という数字はこうして出てきます。

6）先天異常の予防について考える －ノーマリゼーション思想の重要性

ではこのような現実に対して、私たちは何ができるのかという課題です。

　医学では「一次予防」、「二次予防」、「三次予防」という概念があります。

　アメリカの精神科医のカプランという人が考えた一つの思想です。ケネディ大統領の時代ですから随分昔ですが、カプランは地域精神保健活動という医療戦略を大統領に提言しました。精神疾患は医療機関だけで対応するのではなく、地域保健活動が大切だという考え方です。

　これは先天異常でもそのまま使えます。まず一次予防というのは原因対策です。例えば染色体異常の発生源対策としては高齢出産を避けるというのが一つの方法です。妊婦のウイルス感染対策、胎児毒性のある服薬を避けること、その他の妊娠中の健康対策など色々な対策が有効です。これらは原因対策ですから一次予防と呼ばれます。

　二次予防というのは早く発見して障害ができ上がる前に治療しようという予防対策です。例えば日本で普及している先天代謝異常の新生児スクリーニングもその一つです。病気の原因そのものは治せなくても障害の発生を予防すればよいという考え方です。その他、今では市町村が行っている乳児検診というのがあります。早期に障害を発見して、治療や訓練を行い、後遺症としての障害が出にくいようにしよう、このような早期発見・早期治療というのが二次予防です。

3章　先天異常をめぐる医療現場から

　最後が三次予防です。三次予防というのは障害者が障害と感じないような社会を作ればいいじゃないかという考え方です。これは社会対策です。ノーマリゼーションという言葉がよく使われています。行政の仕事ですが、今日お集まりの皆さんの大切な目標かもしれません。治療が困難な先天異常では最も大切な予防対策です。

ノーマリゼーションについて、体験談を一つだけお話しましょう。
　私は兵庫医大に勤務していた時、西ドイツに留学して染色体異常の研究をしました。今から35年くらい昔の話です。
　当時、西ドイツでは車椅子の障害者は市内バスに無料で乗れました。どんなバスが走っていたと思いますか。日本で時々見られるノンステップバスはご存知ですね。エアーダンパーにより車体が低くなり、車体からスロープが出て車椅子が簡単に乗せられるというハイテクのバスです。35年前の西ドイツのバスがすべてそんなバスだったと思いますか？　実は当時、ドイツで走っていたのは普通のバスだったのです。日本の一般的なバスと少し違うのは車体の中央部に大きなドアがありました。でも、どうやって車椅子を乗せるのか私にはわかりませんでした。たまたまある日、バス停で車椅子のおばあさんが待っているのを見かけたのです。いい機会だと思って、そばで見ていました。

さて、どうやっておばあさんはバスに乗ったと思いますか？

（受講生：「アメリカでは運転手さんが手伝ってました」と発言）

そうなのですよ！

　実は停車したバスの乗客がじっと私の方を見ているのです。「僕はバスには乗らないよ」と、知らん顔をしてその場を去ろうとしたら、「仕

方ない」という顔をして男性の乗客が3人ほど降りてきました。なんと、乗客がおばあさんを車椅子ごと、「よいしょ」と持ち上げたのです。失礼な話ですが、少し体重の重い女性だったら男性でも2人では無理です。車椅子ごとバスに乗せようと思ったら3人は必要です。人手が足りない時は運転手さんが降りてきます。10m以上離れたところにいた歩行者が走り寄って、手伝っているのも何度か見かけました。すぐに手伝わなかった私は後で恥ずかしい思いをしました。

　その時は、疑問が解けて「なあんだ」と少しがっかりしました。そのまま大学に戻ったのですが、教室の同じ部署に私より少し年上の先生がいました。Dr.クンツェという名前で、後日ベルリン大学の小児科の教授になりましたから偉い人だったのですが、その時は同僚でした。日本人の私に、彼はいつもドイツの自慢をするのです。ライツとかツァイスといったドイツの顕微鏡を自慢して「日本のニコンではこんなふうには見えないだろう」なんて言うのです。いつか言い返してやろうと思っていました。ですから、見てきたばかりのバスの話をしたのです。「日本では車椅子を乗せるリフト付き専用バスが走っているよ」と言ってやりました。「人力で対応しているドイツより日本のほうが進んでいる」と。

　ところが、Dr.クンツェは、「それは君の考え方が間違っているよ」と言うのです。「障害者を機械に任せたら社会のお荷物になってしまう。ちょっと余裕のある人が少し手を貸せばいいことなのだ」と。

　確かにそうなのです。ノンステップバスの価格は1台1千万円以上もするでしょう。日本でも数は少ないのです。現代でもほとんどの日本のバスは車椅子は乗れませんよね。私は「ぎゃふん」となりました。後でわかったのですが、その年は国際障害者年という年で、その紹介記事に同じことが書いてありました。「畜生、あいつ、あれを読んだのだな」とくやしい思いをしました。これも一つのノーマリゼーションなのです。健康な人が少し手を貸すだけで、障害者が障害と感じない世の中にできればそれが一番いいじゃないですか。それに、皆さんは現時点では

3章　先天異常をめぐる医療現場から

障害者ではないかもしれません。でも幼児や高齢者は障害者と同じですよ。障害者に優しい街づくりは、われわれ皆に役立つことなのです。これも国際障害者年に強調されました。

　発生予防、早期治療も確かに大事ですが、こちらのほうがもっと大切なのだ、というのが世界的な方向です。私たちはこのような方針で先天異常に対応するべきだと考えています。皆さんは社会活動をめざしておられるわけですから、このことは容易に理解できますよね。

出生前診断をめぐる論争から「いのち」を考える

1) 出生前診断が導入された黎明期の日本の事情

胎児の「いのち」を扱う医療ともいえる出生前診断について、少し詳しくお話しようと思っていますが、その前に今から30年前の日本の小児医療の状況について、私自身の思い出を中心にお話したいと思います。

神戸にパルモア病院という、周産期医療をめざした病院があります。京都府立医大の小児科教授だった三宅 廉先生が創設された病院です。先生は日本で最初に新生児を対象とした医療を始められた方として有名ですが、キリスト者医科連盟でも活躍されていて、牧師の資格もお持ちでした。

ご子息の三宅 潤先生が大阪大学小児科の先輩だったこともあり、私は兵庫医大勤務時代に10年間にわたって毎週火曜日の夕方から水曜日の朝までパルモア病院の新生児室当直をやらせていただいていました。アルバイトの意味もありましたが、基礎研究の毎日に、医師として少しでも臨床に触れておきたいという目的もあったのです。水曜の朝はミサの日で、私は当直医として朝の回診をすませた後、当直室で自分用の聖書を開いて院内放送で流れるチャプレンの話を聞いていました。

先日亡くなられた日野原重明先生は三宅 廉先生の大のご親友で、関西に来られた時はよくパルモア病院に立ち寄られていました。お二人が歓談するのを拝聴したこともあります。私は日野原先生からはPOSという医療記録方法を中心とした医療思想を学びました。

4章　出生前診断をめぐる論争から「いのち」を考える

　さて当時、私は遺伝学教室の先生方の応援を得て、臨床遺伝部を立ち上げ、兵庫医大病院で染色体検査や羊水検査をルーチン業務としてできるようにしました。また、吉川教授のご指示で金沢医大の人類遺伝学研究所の設立計画をお手伝いすることになり、やがて金沢医大から臨床遺伝部門の主任として赴任してくれないかと要請されていました。染色体検査や羊水検査をできるようにしたいというのが大学の意向だったのです。現代のような民間の検査機関が当時はまだなかったのです。

　1980年代は兵庫県の「不幸なこどもを生まない対策室」問題がきっかけになり、羊水検査の反対運動が国内を吹き荒れた時代です。まだその余波も残っていました。先ほどもお話しましたが、当時は私自身も羊水検査を行いながら、心に「迷い」が生まれていました。金沢行きを断り、パルモア病院のような病院に就職して、「普通」の出産に立ち会い、小児科医として家族のために診療を行う、そんな生活もいいなと思ったのです。そして、その気持ちを三宅 廉先生に訴えました。ちょうどその日は年末のクリスマスイブで、病院ではミサを行っていました。

　ミサが窓越しに見える小さな部屋で三宅先生は2時間近くも私の相手をしてくださったのです。先生は「私は神の教えと対話しながら、自分の義務として新生児医療をやってきた。他人の称賛とか、非難は悪魔の囁きです。これまで先生を見てきたが、先生の義務は小児医療の発展に尽くすことにあると思う。自分の心と対話しながら、医学に仕えるべきです」といった意味のことを言われました。「仕える人間になりなさい」は三宅先生の口癖でした。ミサの雰囲気もあって、私は胸が熱くなったことを今でも覚えています。こうして金沢医大への赴任を決めたのです。

　三宅 廉先生はキリスト教精神の立場から新生児の医療を行ったパイオニアでしたが、医科学の立場から日本の新生児医療を確立するために多大な貢献をされたのは、当時、国立岡山病院（現在の独立法人国立岡

山医療センター）の小児科におられた山内逸郎先生です。業績だけでなく、教育者としても素晴らしい先生でした。

当時は新生児医療が始まったばかりで、「新生児医療は障害児の生産工場」と揶揄する医師もいました。以前は見捨てられていた低体重出生児（いわゆる未熟児）も対象ですし、小児科と産科との連携が難しかった時代ですから苦労が多かったのです。

私が西ドイツ留学を終えて帰国して間もない頃ですが、山内先生から私の大学に直接、電話がかかってきました。「ヨーロッパの出生前診断をめぐる医療の現状を、国立岡山病院で話してはくれないか」という講演依頼でした。私が留学していたキール大学には、ヨーロッパ各国で羊水検査を受けて生まれた6000名の子供たちの追跡調査を行う事務局が置かれ、私のボスのトルクスドルフ教授が事務局長を勤めていました。調査の目的は羊水検査の安全性の確認だけでなく、子供の発達も含めた健康調査、検査が与えた親子関係への影響、社会的な影響などを総合調査することにあり、各国が協力して対象の子供たちが10歳になるまで追跡調査が行われていたのです。

すでに実施されている医療技術を長期的視野から客観的に評価するという発想も凄いですが、国境を越えて対応できたのはさすがにヨーロッパだと思います。まだ調査は続行中でしたが、私は中間報告などの資料を、許可を得たうえでコピーして日本に持ち帰っていました。そのことを聞いた山内先生が、私に電話をかけたのです。大先輩からの直接の依頼に感激した私は、2回に分けて国立岡山病院に通って講演をしました。山内先生は、「新生児医療を確立するためには、妊娠期の医療が大切だ。遺伝情報も含めて、胎児の医学的なデータがわかっていなくてはいけない。生まれてから検査するのでは遅すぎるのだ」と出生前診断に強い関心をもっておられることがわかりました。今から考えると、山内先生は出生前診断を単なる選別の医療ではなく、胎児医療として評価されていたことがわかります。

4章　出生前診断をめぐる論争から「いのち」を考える

2）出生前診断と新しい胎児医療の出現

さて次は、出生前診断を予防対策の中でどう位置づけるかという問題です。

　もし赤ちゃんに障害があるとわかって妊娠中絶という形で対応すれば、これは発生源対策ですから一次予防になります。このような一次予防は赤ちゃんの「いのち」がかかっています。後でその話に触れますが、この場合は優生思想だとの批判を免れることができません。しかし、胎児の治療や出生後の準備に役立てることができれば二次予防になります。大変難しい問題です。次にこの問題に踏み込みましょう。

　さて、胎児に障害があるかどうかは、普通は生まれてみないとわかりません。ただ、染色体の異常だけは1960年後半から妊娠中にわかるようになりました。胎児のまわりにある羊水を少量とって、その中に含まれる胎児由来の細胞を培養して染色体を調べることができます。胎盤の表面の胎児性絨毛細胞は受精卵から分化した栄養細胞に由来しますので、この絨毛細胞からも胎児の染色体を調べることができます。これらは染色体異常の確定診断と呼ばれますが、その他にも母体の血液から胎児や絨毛細胞由来のタンパク質やホルモンを分析して一部の染色体異常の可能性をスクリーニングする母体血清マーカーテストも普及しています。

　本日の話の初めに紹介した新型出生前診断と呼ばれるNIPT検査は、胎盤の胎児性絨毛細胞に由来するDNA断片が母体の血液中に漏れてくることを利用した検査です。これらの検査でわかるのは受精卵に由来する染色体異常が中心ですが、近い将来は遺伝子の病気もターゲットに入ってくるでしょう。

　さらに近年、画像診断技術の進歩により、新しいタイプの診断法が確立されてきました。超音波診断はエコー検査とも呼ばれて、従来から一

般産科医療の現場で補助的に利用されていました。しかし、新世代の超音波診断機器は専門的なトレーニングを受けた医療技術者が操作すると、妊娠経過中の胎児の形態や機能の異常が従来とは比較にならないほど正確に診断できるようになりました。心臓の病気や脳の奇形など、診断できる先天異常が増えています。

　私たち小児科医は新生児の全身をくまなく診察して、染色体異常や先天異常を臨床診断します。そして、確定診断のために種々の検査をするのです。ところが産科領域でも母親のお腹の中の胎児の画像から臨床診断できるようになってきました。もし胎児が正常に発育していないと判断された場合は、われわれ小児科医と同じく、種々の検査により診断を確定して予後を予測しなければなりません。そのための胎児検査は、胎児を診ないで行われていた従来の出生前診断とは次元が異なるものと言えるでしょう。

　本日の講演の初めに、私が専門医になった頃は日本で羊水検査が始まった黎明期だったこと、私自身も検査の普及をめざした活動を行ったと申し上げましたね。でもこのまま検査が普及してもよいのだろうかと疑問が生じて、いわゆる出生前診断については批判的な態度をとるようになったのです。

　現役をリタイアした直後に、たまたま大阪でクリフムという診療所を開設しておられた夫律子先生という産婦人科医にお会いして、初めて「胎児医療」という世界があることを知りました。この講演でも述べましたように、私はヨーロッパの福祉医療に触れた経験があります。福祉を完全にすることによってのみ、出生前診断の「出口」があると信じていました。夫律子先生にお会いして、胎児医療という「入り口」もあることを教えられたのです。

　ゲノム医学の急速な進歩が起こりつつある現状で、単なる選別の医療ではなく、胎児医療という医療を確立することが未来の日本にとって重要なのではないか、そのように感じたのです。

4章　出生前診断をめぐる論争から「いのち」を考える

　胎児が安全に生まれて健やかに育つ、すなわち「胎児の福利（ウェルビーイング）をめざす」医療が生まれようとしています。今から 10 数年前にはお腹の中の胎児を一時的に取り出し、手術をしてからお腹に戻し、自然分娩にもっていくという胎児手術が国内外で競ってチャレンジされました。これはリスクを伴いますし、かなり高度な技術なので、現在では内視鏡を使った手術や出生直後に手術をする方法が主流になりました。心臓や脳については、積極的にチャレンジされていて、事例によってはかなりよい治療結果が得られるようになっています。このためには妊娠中の正確な胎児情報が必須ですが、もはや「胎児は治療ができない」時代ではないのです。

　もちろん、妊娠経過中にわかったすべての先天異常が治療できるわけではありません。染色体異常については生まれてくる赤ちゃんの 60％以上は生後、社会的自立が困難です。自立ができるかどうかは、障害の重さや社会の受け入れ状況によって決まりますので絶対的なものではありませんが、その中には重篤な障害も見つかるでしょう。

　医師が「そんな場合は流産するだろうから、わざわざ診断しなくても自然に任せるのがよい」というのは余りに無責任とは思いませんか。これでは、適切な対応をとることにより障害の発生を予防できる胎児までも見逃してしまいます。ご夫婦の不安にも対応できません。

　これまでの出生前診断は胎児を選別する手段に過ぎなかった、生まれてくる赤ちゃんのために胎児検査をするという考え方に欠けていました。技術の進歩を背景として今、それが急速に生れはじめています。私はそこのところに将来性を感じています。胎児を診もしないで検査する「選別」は優生思想に限りなく近いと言われても仕方ありません。しかし、胎児が生まれてからも元気に育っていくことをめざした医療の中で、色々な検査の一つとして染色体の検査を行う、これは「優生思想」とは異なる「医療」であると主張できると思います。

この考え方に沿って、私が現在勤務しているクリニックでは「胎児は診なくてもよいから検査だけやってほしい」という依頼はすべてお断りしています。また性染色体異常など、社会的自立に影響が少ない染色体異常が判明した場合は、無事な出産をめざすご夫婦が多いのも特徴です。18トリソミーなど重篤な染色体異常で、短い命とわかっても「家族の一員として受け入れてあげたい」と努力するご夫婦もいます。画像で胎児が健気に生きているのを目にすると親子の絆が強まるのでしょう。私が昔、出生前診断として羊水検査を行っていた時代にはこのようなご夫婦に遭遇することは珍しかったのです。

3）胎児に染色体異常が見つかった場合の対応をめぐって

　障害の有無で人間の生命を、ここには胎児の生命も含まれているのですが、選別するのは間違っている、そのような考え方で日本の社会機構は作られています。しかし、生命論でみられたように生命に対する新しい考え方も生まれ、人間の発生について科学的な背景がわかってきました。また医療技術だけでなく、社会も大きく変化してきました。

　戦後、人権主義が国際的な基本原則になってきました。医療の現場でも医療を受ける側の権利が強く重視されるようになったのです。胎児から得た情報は医療従事者だけのものではない、夫婦は胎児の情報を正確に知ったうえで、自分の意志で決定する権利があるのではないかという意識です。この考え方は世界的な基準になってきました。胎児の生命はもちろん大切ですが、親の権利が胎児の生命の存続に相反する場合、どう折り合いをつけるかという問題が出てきました。

出生前診断という技術に対して、海外ではどのような対応をしてきたか、歴史的なことを少しお話します。
　羊水検査技術が開発された時、もし先天異常の子供が生まれてきた場合に一生のうちにどのくらいお金がかかるか、医学的な治療費とか、福

4章 出生前診断をめぐる論争から「いのち」を考える

祉予算を社会はどれだけ用意しなければならないのか。それに対して新しい検査の費用はどのくらいなのか。コストのバランスが合うなら税金を使って検査をしてもいいのではという議論がアメリカを中心に起こりました。これは「費用対効果」と呼ばれる功利主義的な思想です。一方、ヨーロッパでは当初、宗教的な理由から羊水検査の普及に反対運動が起こりました。しかし、新しい技術にローマ法王も一定の理解を示したことをきっかけに多くの国が検査を受け入れました。

アメリカでもヨーロッパでも出生前診断を対象とした関連の法律の整備を行い、現在に至っています。

では日本の場合についてお話しましょう。

皆さんは人工妊娠中絶って知っていますよね？　日本では『法的に許されている』と思う方、手を挙げてみてください。

（受講生：半分以上が挙手）

おや、許されてないと思う方もいらっしゃいますね。君はどうして？

（受講生：「一人の命を奪うということで許されていないと思います」）

一人の命とおっしゃいましたね、お腹の胎児は一人の人間だと考えているわけですね。

胎児が生きる権利は法律でどのように認められているのでしょうか。これは胎児の生存権と言います。国によっては法律で、または宗教によってきちんと決められています。

さて、日本はどう決められているか御存知ですか？

　日本の法律では「胎児は母体の付属物」という考え方です。胎児の生存権そのものを守る法律は日本にはないのです。ただ、妊娠については刑法に堕胎罪という法律があります。ですから皆さんが勝手に中絶をしたらそれは法律に触れます。間接的には日本の法律でも胎児の生命の尊厳は認めていると考えられます。

　ですが、この堕胎罪という法律は実際の現場ではほとんど使われておりません。先ほど、半分以上の方が「日本では合法的に中絶ができる」と言われましたよね。確かに年間10万人以上の胎児が中絶されています。そんな国は欧米にはありません。日本で中絶がなぜ自由に行われているのか不思議ですね。

　敗戦国となった日本では、戦争直後、父親のいない子がたくさん生まれました。戦後の復興期の都会には親のない「浮浪児」とか「ストリートチルドレン」と呼ばれた子供たちがたくさんいたのです。国はその対策の一つとして妊娠中絶を当時の優生保護法の中で対応できるようにしました。妊娠中絶の条件を緩くしたのです。多い時期は年間30万人以上の胎児が中絶されました。もともと優生保護法というのは戦前の国民優生法という法律が、戦後に名前が変わったものです。1996年にはさらに母体保護法と名前が変わりましたが、中絶に関する条項は今でも残っています。

　「それなら、合法的に中絶が行われているのだから、問題ないではないか」という意見が出そうですね。現在の母体保護法では「第14条問題」と呼ばれていますが、中絶の理由が定められています。暴力的に妊娠させられた場合とか、経済・精神的理由がその理由です。戦後の混乱期の対策がそのまま戦後70年以上たった今も残っています。しかし、胎児の障害を理由とした条件はありません。「お腹の赤ちゃんに重篤な障害が予想される」といった理由で中絶をすることは法的にはでき

4章 出生前診断をめぐる論争から「いのち」を考える

ないのです。

現在、世界では妊娠中絶について2つの流れがあります。一つは公民権運動と呼ばれますが、戦後の人権運動の流れの中で、「産むか産まないか」の決定は「女性の権利」として認めるべきではないかという意見です。親の「選択の権利」といってもよいのですが、これは妊娠8～12週より前の初期中絶に限って考慮されるべきと言われています。もう一つは出生前診断のような胎児の診断結果による選択で、妊娠12週以降の中期の中絶です。欧米諸国の多くは「医療的対応」という理由で法律を作って対応し、「悪い資質を後世に残さない」といった戦前の「優生学的な対応」とははっきりと区別しています。

日本の母体保護法による対応は、どちらかというと「選択の権利」に近いものがあります。もっとも夫婦の合意が必要なので、女性の権利と考えているわけではありません。問題はわが国ではすべての中絶を「選択の権利」で対応している点です。現行法の母体保護法を優生保護法から法律改正するにあたって、「第14条」を削除すべきとの意見が出ましたが、一部の反対もあり、そのまま残ってしまいました。商業主義も背景に見え隠れします。「中絶王国」という汚名、「優生学的な対応ではないか」という批判や、「この法律のために、日本では福祉思想が育たない」という意見が生まれてきても不思議ではありません。

5章 科学思想が「いのち」を脅かす危険性 －戦前の優生運動の理解

1) 優生学とは

医療技術や科学思想は人間の「いのち」に関わる社会問題を引き起こす可能性があります。

　一つの未熟な学問が政治や社会運動に利用され、人類に大きな不幸を招いたという歴史として、優生学と優生運動を正しく理解することが大切です。

　優生学という新しく生まれた学問はイギリスの遺伝学者フランシス・ゴールトンが最初に唱えました。彼は進化論で有名なダーウィンの孫にあたります。彼の説は瞬く間に世界中に拡がり、1912年には第1回国際優生学会がアメリカで開催されています。

　遺伝学というのはもともと、乳がたくさん出る牛、実がたくさんなる植物をどうやって作ったらよいかなど品種改良の基礎理論を究めるのが目的でした。技術が発達すると、同じ理論が人間の改造にも使える、より優秀な人間を作ることができると考えたのですね。その当時の世界は帝国主義の時代です。イギリスなど強い国はこぞって海外に植民地を作って、その覇を競っていました。

　現代は国際協調主義の時代です。帝国主義と国際協調主義はどこが違うかというと、帝国主義は自国の中で経済・文化のすべてを完結しなければなりません。少数の支配民族が高い文化水準や軍事力を背景にたく

5章 科学思想が「いのち」を脅かす危険性 ─戦前の優生運動の理解

さんの海外の植民地を統治する。それが帝国主義という政治体制です。帝国主義では支配民族は特別優秀でなければならない。そのために遺伝学が利用されたのです。イギリス人はアングロサクソンが世界一の民族だ、ドイツ人はアーリア民族が最高だと。日本でも同じです。ヤマト民族は世界で最高に優秀な民族だと国民を鼓舞しました。民族の優秀性を競ったわけです。

　私は大正の初めに書かれた日本の小児科の教科書を手に入れたことがあります。そこにこんなことが書かれていました。「唇裂」と呼ばれる先天異常があります。今では手術できれいに治りますので何の障害も残りません。でも昔は兎唇といわれ「動物の口に似ている」ということで前世の因縁だと嫌がられました。その教科書には「唇裂は日本人にはほとんど生まれないが、白人には多発する。このことを見ても、日本のヤマト民族がいかに優秀かということがわかる」と書いてありました。びっくりですよね、本当に少なかったのでしょうか。

　現在ではこの先天異常の発生頻度は白人も日本人も同じです。戦前の日本では90％以上の分娩が在宅分娩で、産婆さんが取り上げていました。唇裂は生まれてすぐに一見してわかるじゃないですか。もし唇裂が見つかったら、生まれたばかりの赤ちゃんがこっそり選別されていたのです。ですから、唇裂をもった子は医者のところまではこないのです。これもサンプリングのバイアスです。

2）優生学から優生運動へ

　極端な民族主義は国際政治のリスク要因です。百歩譲って、もし優秀な民族集団を作ろうと思えば、科学的にはどうしたらよいでしょうか。品種の改良理論では生物の良い個体を選別して、良い個体同士を掛け合わせる。これを繰り返すと純系と呼ばれる同じ形質の個体が生まれるようになるという理論があります。人間にそんな方法はとれません。

集団遺伝学という学問の立場からは集団への個体の流入や流出、集団のサイズに基づく「遺伝学的浮動」、その他、色々な要因で特定の遺伝子の頻度が集団により異なることは珍しくありません。もし仮に好ましくない遺伝子の頻度を減らそうと思っても、新しい突然変異が遺伝子を補給しますので、決してゼロにすることはできません。しかし、何かの理由で特定の遺伝子の頻度が増加した集団について、その遺伝子をもっている個体がほんの少しの生殖の抑制をする、例えば3人子供をもうけるところを2人にするなどの行為を行って十分な時間をかけると、特定の遺伝子の頻度を他の集団と同じレベルにまで減らすことは可能です。

● この方法を利用した例があります。
　例えば、アメリカの白人に多いハンチントン病という神経難病は優性遺伝病ですが、メイフラワー号に乗って新大陸に渡った最初のアメリカ人の中にこの病気をもった家族が混じっていたためという説があります。最初の集団が新大陸全体に拡がっていったため、アメリカの白人にこの病気が広まったというのです。
　戦前には、アメリカでも優生運動の嵐が吹き荒れ、病気が出た家系の人々が色々な社会的不利益を受けた歴史があります。このことを反省し、戦後になってからは遺伝カウンセリングという方法で、患者の自律的な生殖調整を基本に、患者や家族の利益や人権を配慮しながら、何百年という長い時間をかけてこの病気の遺伝子の頻度を、他の国の一般の白人の頻度まで下げていこうという対応が考えられました。患者や家族が社会的な不利益を受けないよう十分に配慮して、時間をかけて対応するというのです。
　さらに現代では遺伝カウンセリングに併用して出生前診断という方法も利用されるようになりました。
　優生学が流行していた時代には色々な「劣悪」と考えられた病気や体

5章 科学思想が「いのち」を脅かす危険性 －戦前の優生運動の理解

質に全く別の方法がとられました。手っ取り早い方法として、劣悪な体質をもった子供が生まれないようにすればよいと考えたのですね。そのころは遺伝学が未熟でしたから、対象となった疾患についても、遺伝が原因なのか環境が原因なのかよくわからなかったのです。精神障害や知的障害はもちろん、犯罪者とか泥棒も一つの家系によく出てくるから遺伝形質だと考えられていました。人の物を盗む盗癖のある人には子供を生ませなければよいと考えたのです。

　フランスで最初にできて世界に拡がった悪名高い法律に「断種法」があります。法律を作って対応したのです。日本でも戦前は国民優生法がありました。戦後に優生保護法に代わりましたが、この法律でも「優生手術」は残りました。私が若い頃、地方の保健所に行きますと、優生相談室という看板がまだあちこちで残っていました。

このような優生運動が間違っていた理由は3つあります。
　一つは遺伝に関係する学問が未熟だったために環境要因、あるいは貧困とか社会的な要因で起こってくる病気まで遺伝のせいにされたこと。もう一つは国が法律で子供を作ってはいけない、結婚してはいけないと強制的に決めたこと。個人の意志とか人権は無視されたのです。三番目の理由は、このような政策が社会的な優生運動に拡がり、少数派の遺伝的変異や障害をもった人々（特定の人種も含めて）に多大な不利益をもたらし、「生存権」までが脅かされたのです。運動が拡がるにつれて、障害者や病人、差別された人種を殺すなど「究極的な選別」につながっていったのです。

　ナチスはホロコーストといわれるアウシュビッツの悲劇の前にT4計画といわれる政策に基づき、入院中の精神障害者を20万人以上、ガス室で殺したと言われています。これは人道的に間違っています。第二次世界大戦の戦後処理裁判としてニュールンベルグ裁判をご存知ですね。この裁判では勝った国が負けた国を懲らしめるのではなくて、人道に反

した罪で裁くのだという大方針で裁判が行われました（東京裁判は必ずしもそうではありません）。このような優生政策は間違っていたと大きな反省が起こり、西ドイツでは戦後、優生学を背景とした法律はすべて廃止され、未熟な学問が人類を悲劇に導いたということで、すべての大学に人類遺伝学研究所の設置が法律で義務づけられたのです。

一方、日本では戦後、国民優生法は優生保護法に名前は変わりましたが、ほとんどの項目は残りました。戦後20年以上もたって、ようやく「優生」の言葉が消えて母体保護法になりました。しかし、内容的にはあちこちに古い考えが残っています。経済的理由などで中絶ができるという戦後対策もそのまま残っています。

3）出生前診断と優生思想

このような歴史を見てきますと、お腹の赤ちゃんに異常があるからと生まれる前に処置をすることは優生思想じゃないかという意見が出てきますよね。この議論は1970年代に羊水検査が普及しはじめてから、日本ではずっと続いています。

ところが、優生思想に対して最も深く反省しているはずの欧米では胎児のスクリーニングや出生前診断が「国の政策」で行われているのです。不思議でしょう？　欧米の決断を理解するためには、胎児の「いのち」を社会的にどのように考えるかということ、「優生思想の過ち」をどう反省したかということを見なければなりません。

先ほど、妊娠中絶について少しお話しました。現在、1年間で100万人の赤ちゃんが生まれています。母体保護法に基づいて中絶した数は10万人を超えます。先進国ではトップクラスです。母体保護法に適応する背景が本当にあったのでしょうか。そのことを指摘されると、法治国家をめざす日本としては辛い指摘です。

5章 科学思想が「いのち」を脅かす危険性 －戦前の優生運動の理解

では、海外ではどう対応しているか。

宗教的理由もあり、一般の中絶についてはきわめて厳しいのが普通です。むしろ、「女性の権利として日本のように中絶が容易にできるようにしてほしい」という声が上がっているくらいです。ところが、アメリカ、イギリス、フランス、ドイツ、北欧、オーストラリア、カナダ、ほとんどの国では染色体異常のスクリーニング検査を全妊婦に行い、ハイリスクだとわかった場合、羊水検査まで提供しています。すべて公的な費用で行われています。

実は私の娘もフランスで2人の子供を生みましたが、フランスでは外国人でも簡単に国の健康保険に加入できます。加入すると妊婦のスクリーニングが受けられます。私の娘もスクリーニング検査を受けましたが、ローリスクだったので羊水検査は受けませんでした。フランスではもし胎児に異常が判明し、両親が中絶を希望した場合は生命倫理法という法律の範囲で対応します。他の欧米先進国もすべて法律に基づいて対応しています。法律の中に胎児条項と呼ばれる項目があり、「医療適応」という考え方で中絶を選択可能です。世界の130ヵ国にわたる先進国の中で胎児条項を設けていない国は日本だけです。

日本は建て前主義というか、法律の水面下で対応しているのです。日本は建て前だけは立派ですが、一方では出生前診断で見つかったダウン症の中絶率が世界最高だということも知られています。私は個人的には日本人が信頼されるためにも、きちんとした法律を作って法治国家であることを示さねばならないと思います。この議論は2000年になってからも国会に出されているのですが、最終的には評論家的な「建て前論」で処理してしまう。やはり美しい国、日本でなくてはならないのですね。

もう一つの問題は、日本では優生保護法の名前を変えただけの母体保護法の中で胎児の中絶の条件を決めています。もし、新たな胎児条項を追加するとなると、優生学的な考え方が前面に出てしまうではないかと

いう反論もあります。フランスの生命倫理法のように、新しい法律の中で対応するのがよいのかもしれません。個人的には、胎児医療の今後の発達を考えると、胎児医療法（仮称）のような新しい法律が必要で、その中で対応するのがよいと考えています。

4）優生論と批判されないために

「戦前の優生論で何が間違っていたか」という話をしました。繰り返しますが、第1は前提となる理論が未熟だったこと、第2は国が強制し、個人の意志や人権が無視されたこと、そして第3は対象となった少数の人々の社会的権利や生存権までが侵されるという社会情勢を招いたためと申し上げました。

個々の遺伝子レベルではまだわからないこともたくさんありますが、染色体異常や一部の疾患では確実に診断でき、出生後の予後が推定できる時代になりました。両親がお腹の中の胎児の情報を知りたいと思って検査を希望する、これは本当に優生思想なのでしょうか？　もし、異常がわかって妊娠管理や分娩のリスクを軽減する、あるいは出生後の治療に役立てようと言うなら、それは正しい医療です。

問題は「治療効果が期待できないために妊娠継続をあきらめたい」という場合です。「胎児のいのち」を親が決めることができるかという問題です。法律でそのような子は「生んではならない」と決めると、それは明らかに優生政策です。「今どきそんな無茶な法律を」と思われるかもしれませんが、海外には2000年になってからも、そのような法律が作られた国があります。

では、親が決めるべきだとしても、その希望をどこまで社会が許容できるかという問題が残りますよね。

ヨーロッパではローマ法王が出生前診断をある程度、許容するような発言があり、その後、羊水検査が普及したという歴史があります。何度も繰り返しますが、戦前の優生政策の過ちは、優生学的に問題があると

5章　科学思想が「いのち」を脅かす危険性 －戦前の優生運動の理解

判定された少数の人々の社会的権利や生存権が侵されるような社会運動に拡大したことです。

　私たち小児科医も日常の臨床の中で、ダウン症をどうしても育てられないという親の気持ちが理解できるような状況もないわけではありません。ですが、個別の親の気持ちを理解することが、すでに幸福に暮しているダウン症をかかえた家族が、社会的に不利益を受けるような状況につながることは絶対に阻止しなくてはなりません。

　基本事項を整理すると、妊娠されているご夫婦には、お腹の胎児の情報を知る権利がある、知ったうえでその後の行動を自律的に決める権利があるということです。ただその行動選択に倫理的な制約は必要です。何をやってもよいというわけではありません。人間は社会的な動物ですから社会の枠を壊してはいけません。出生前診断を行うことが当事者や胎児に及ぼす影響、社会に及ぼす影響も十分に分析してから社会的枠組みを作っていかねばなりません。国民的な合意を作りながら作業を進めていくことが大切です。もちろん、このような政策がすでに幸福な人生を送っている患者や家族に不利益をもたらしてはいけません。生まれてきたことを健常者も障害者も共に「よかった」と思える社会を作らねばなりません。

● **海外では色々なモデルがあります。**

　一つは東欧の小さな国のモデルですが、障害をもった赤ちゃんが生まれた時、両親は「育てるかどうか」選択する権利があります。もし、両親が「育てられない」と決めた場合は国が代わって子供を施設に引き取り、養育するそうです。日本人的感覚では「えーっ」と思われるかもしれません。「親が養育を拒否するなんて、日本では考えられない」と思われますか？

　確かに日本の児童福祉法で親は子供を養育する義務が定められています。しかし、大分昔のことですが、私は児童相談所と連携して乳児院の

調査を行った時、ある施設に数人のダウン症の子供がいることに気づきました。ダウン症の出生頻度はおよそ1000人に1人ですから、その乳児院の頻度は多過ぎます。もちろん、事故とか色々やむを得ない事情で親がダウン症の子供の養育を施設に委ねる事例は珍しくありません。施設の子供たちすべてが「親に捨てられた子供」と考えてはなりません。ですが、私の先天異常をめぐる医療体験の中で、親から救命的な手術の承諾が得られなかった事例や、新生児室からの引き取りを拒否された事例の経験は少なくありません。日本のように水面下で対応しているのか、東欧のある国の例のようにルールを作って公の場で公平に対応するかの違いです。

　欧米には障害児の養育親制度など、日本にない制度も少なくありません。親の権利を守ると同時に、社会共同体として責任をもって障害児の「いのち」に対応するという、一つの方法であることは理解してほしいと思います。

● もう一つの例を紹介しましょう。
　イギリスのスコットランドでは重症型の二分脊椎（無脳症や車椅子の生活を余儀なくされる髄膜瘤）の出生率がとても高い時代がありました。このためスクリーニング検査が考案され、1980年代からはすべての妊婦に検査を行うことになりました。検査の開始にあたって、政府は「もし、胎児に二分脊椎が確定診断された場合、『生むか生まないか』は夫婦が決める」こと、そして「どちらの選択も社会的不利益を受けないよう、国が責任をもつ」と宣言しました。

　宣言に従って、夫婦の決断を中立的に支援するために世界に先駆けて遺伝カウンセラー（看護師遺伝カウンセラー）を養成・資格化しました。また、生まれてきた二分脊椎の子供たちと親を支援するため、学校のエレベーター設置の推進、専門介護師の制度化、医療費援助など数々の福祉政策を実行しました。結果的にはイギリスで年間、数百人以上生まれ

5章　科学思想が「いのち」を脅かす危険性 ―戦前の優生運動の理解

ていた重症型二分脊椎の出生数は年間数人のレベル（この多くは親が生むことを選択した事例）に下がりました。ただ、数百人の胎児の命がこのスクリーニングで失われたことも事実です。

　その結果、ノーマリゼーションの推進など社会福祉が進んで多くの国民が恩恵を受けたことも事実ですから、評価は簡単ではありません。私は優生政策の過ちを理解し、反省したイギリスならではの決断だと思います。

では日本の事情に目を向けましょう。
　お子さんをおもちの方は生後すぐに行われる「先天異常スクリーニング検査」をご存知でしょう。大きな集団を対象に病気を早期に発見して治療に役立てる、これがスクリーニングの目的です。検出率と費用対効果を考えて効率よく診断する技術です。イギリスで実施された二分脊椎のスクリーニング検査は胎児の髄液中のαフェトプロテインという胎児性タンパクが神経管の閉鎖不全により、羊水や母体血に漏れてくることを利用した検査です。逆に、ダウン症の胎児ではαフェトプロテインの産生量が下がることを利用したのが、最初の母体血清マーカーテスト（トリプルマーカーテストとかクワトロマーカー検査が代表）として普及しました。染色体異常のスクリーニングとしてはその他、超音波診断や最近話題のNIPTが有名です。

　ところが日本では、染色体異常のスクリーニングは「公的には認められていない」ことを知っていますか？　新生児の代謝異常のスクリーニングと違って「治療が目的」ではなく、妊娠中絶を前提にするからです。また、スクリーニングは集団が対象で、「染色体異常を撲滅する」ために胎児を「選別」するのだから、優生思想だと考えられています。NIPTも本当は「診断確定のためには羊水検査で確認が必要なスクリーニング」なのですが、日本では政策的にはスクリーニングではなく、個別的な医学診断の一つと見なして行われています。ややこしいですね。

欧米ではすべての妊娠を対象にスクリーニングを行いますが、決断は夫婦の問題として「個別に決断」してもらい、どのような結果を選んでも社会的な不利益を受けないよう国が責任をもつという考え方で優生思想との批判を免れています。結果的に誰もが平等に検査を受けられるという、倫理原則で問題となる「公平性の原則」にもかなっていて、経済的に余裕がある夫婦だけしか検査を受けられない日本と違うところです。

5）日本は福祉国家か

　1960年代の後半ですから、随分昔のことです。国会で首相が「戦後はもう終わった。これから日本は福祉立国をめざす」という有名な宣言をしました。それから数十年がたっています。

本日の講演では前半は「生命」について話をしてきましたが、後半は倫理思想について話すつもりです。

　多くの方が「日本は福祉国家だ」と思っておられるかもしれません。私は若い頃に北ヨーロッパで生活をしてみて、福祉に対する考え方が北ヨーロッパと日本では随分違うことに気づきました。この違いは「いのち」に対する考え方はもちろん、「倫理観や倫理行動」の違いにも大きく影響しているのではないかと思っています。

　ヨーロッパの福祉思想の原点はチャリティ、すなわち「恩恵」です。これはキリスト教が背景にあります。キリストが自らの身体と血を分かち与えたように、「余裕がある人が貧しい人に分かち与える」という行為が福祉の原点なのです。

　日本には1900年代になって欧米から「福祉思想」が輸入されました。この時、福祉は「国の政策、あるいは行政の仕事」とされたのです。「余裕があるから施しをする」というのは恩恵主義と呼ばれ、日本の行政では「いけないこと」とされました。「恩恵ではなく、行政の責務」とし

5章 科学思想が「いのち」を脅かす危険性 ―戦前の優生運動の理解

て福祉をやりなさいというわけです。このことが「福祉は行政の仕事」と受け止められ、国民一人ひとりが福祉活動に参加するという思想につながらなかったのです。だからこそ、皆さんのようなボランティア活動の指導者を養成する必要があるわけですよね。

さて、私が北ヨーロッパで感じたことを少しお話します。
　私は西ドイツのキールという都市に住んでいました。ドイツの北端でバルト海に面した「港と大学の町」です。宗教的にはプロテスタントが強い地域です。滞在中にある事件が起こりました。市内の公園の近くの溜め池の柵が壊れていて、子供が池に落ちて死亡したのです。事故の少し前に近くの住民が「危険だ」と市に通報していたのですが、修理が間に合わず、事故が起こってしまいました。その裁判結果が報道されたのです。

さあ、質問です。裁判官は「行政」、「市に通報した住民」、「子供の親」のうち、誰の責任が1番重いと指摘したと思いますか？

(受講生：「私は親の責任と思います」、別の受講生：「いや、やはり行政だろう」)

どちらも、ブーです。

(受講生、「えーっ」との声)

　第1責任は「危険に気づいた住民が応急的な修理を怠ったことにある」と法廷は判断しました。「恒久的な修理」は行政の責任、しかし、それには時間がかかるのが当然だし、一人前の大人なら応急処置くらいはできるだろうという考え方です。日本のお役人の能力が素晴らしいことは

確かなのですが、ドイツの役所は公務員の数が少ないですし、住民一人ひとりの社会に対する「責任と義務」がとても重いことが違います。さらに、ドイツでは「事故防止の実質的な成果をめざして」ルールを作るという思想が背景にあります。日本でしたら行政に責任を押しつけるでしょう。いかに優秀な日本の行政とはいっても力には限界がありますから、同じような事故がその後も繰り返されるでしょう。

同じようなことが交通法規にもみられます。例えば、貴女が運転中に車が事故を起こしている現場に通りかかったとします。人が倒れています。貴女はすぐに警察あるいは救急隊に電話して事故を伝えました。貴女は急いでいたので、その場を立ち去りました。後日、貴女は警察に呼び出されます。どうしてでしょう？

（その受講生：「その場を立ち去らないで、けが人に付いているべきだったと思います」）

確かにそうですよね。でも、貴女にはもっと重要な義務があるのです。

　ドイツでは「事故を発見したドライバーは一次救急の義務」があるのです。貴女の容疑は「救急処置義務違反」です。これは日本にはありません。むしろ、日本では素人が下手に手を出すと後日に責任をとらされるかもしれませんよね。この法律により、ドイツではすべての車にかなり本格的な「救急セット」を載せておく義務があります。車載用救急セットの価格は約1万円で、私も購入しましたが、止血パッドとか、大量の包帯類がぎっしり入っています。消毒薬など薬品は全く入っていません。一次救急では止血が最も大切なのです。普段の運転中にも交通警官からよく検問を受けます。もし救急セットを載せていなければ「言い訳なし」の1万円の罰金です。免許取得のための自動車教習所では止血

5章　科学思想が「いのち」を脅かす危険性 －戦前の優生運動の理解

法を中心とした本格的な救急法の実習が必須です。ドイツは高速道路網が完備していますが、この政策により、交通事故死を1/3に減らせたと聞きました。国民の大部分が救急法を実践でき、すべての車の中には救急セットが保管されているので、災害時にも役立ちます。過去に戦禍に蹂躙されてきたヨーロッパならではの発想かもしれませんね。

　車に関する文化で思い出したのですが、ドイツでは弱者保護の原則が徹底しています。歩行者が一歩でも足を車道に踏み出したら車は止まる義務があります。日本では歩行者が待っている横断歩道でさえ、止まる車はほとんどありませんよね。また、ウインカーで車線変更の意思を表明した車の進路を妨げては絶対にいけません。ですから危険な高速道路の流入もとても楽です。日本では「ウインカーを出し、他の車の進行を妨げないことを確認してから進路変更を行う」のが決まりです。弱者保護ではなく、「周囲に迷惑をかけないこと」が優先されるのです。この文化の差は大変大きいと思います。

　ドイツでは福祉活動への参加はとても活発です。余暇のクラブ活動はドイツ文化の一つになっていて、たくさんのクラブが活動しています。すべてが公的な援助を受けています。私も地元のアーチェリークラブに属していましたが、運営はクラブが自主的に行い、立派なスポーツ施設を無償で借りることができました。その代わり、年に1度、クラブの「福祉活動実績」を市に報告する義務があります。アーチェリーはドイツでは障害者スポーツの代表です。私たちのクラブは企業の障害者雇用対策の調査や、その現場を見学するツアーを企画し、その報告書を市に提出しました。

私自身がこの福祉活動で経験した、面白い話があります。
　市の郊外に車椅子を作る工場があり、私たちアーチェリークラブのメンバー10名ほどで見学に行きました。会社側の技師が案内してくれました。私は工場の中で、ダウン症の工員が部品の選別や運搬をしている

のにすぐに気づきました。私が医師であることを知った案内の技師は、「この工場では従業員の6％が障害者で、半分近くはダウン症の方です」と説明した後、「実は日本人が彼らの仕事を奪おうとしているのですよ」と言いました。ドイツに来て、まだ半年の私にはその理由のドイツ語が聴き取れずに、何度か質問し直してやっと意味がわかりました。「日本製の安価で性能のよい車椅子がヨーロッパの市場に入ってきたら、うちの工場でも組み立てラインを作り直さねばならず、そうすると障害者の仕事がなくなる」と言うのです。

実は1台ずつの製品を「マイスター（親方）」と呼ばれるリーダーを中心に数人のグループで製作する方法はドイツのギルド制度と呼ばれる伝統的な職人制度の慣習です。親方をめざす職人を養成できますし、障害者の仕事もあります。一方、ベルトコンベアー方式の「流れ作業」ではプロの職人が必要ないかわりに障害者の仕事もなくなるというのです。

同じことが自動車メーカーでも起きていました。当時のベンツは1台ずつの生産で、障害者の働く場があるだけでなく、注文に応じて障害者用の車も一般車と同じ価格で作ることができました。海外との競争のため、フォルクスワーゲンが初めてライン生産に切り替え、やがて他メーカーもそれにならったため、障害者の働き場の確保が難しくなったと言われています。

30年以上昔にすでに貿易摩擦が始まっていたのですね。安定化社会をめざすヨーロッパと、発展しなければ国が成り立たない日本との違いです。ドイツもそうですが、北欧の福祉国家の状況が理解していただける話だと思います。

さて、乗馬クラブとかヨットクラブなど、お金持ちのクラブはチャリティバザーやチャリティコンサートを企画し、その収益を慈善事業に寄付していました。福祉活動への参加はすべての住民の義務でもあるのです。少し特殊な例として、軽い犯罪の刑罰が福祉活動で償われることも

5章 科学思想が「いのち」を脅かす危険性 −戦前の優生運動の理解

あるそうです。

　私が腰を落ち着けたキール大学小児科の主任教授はヴィーデマン教授といって、小児科医なら誰でも知っている世界的に有名な教授でした。当時の西ドイツには20の国立大学（大学はすべてが国立、私立の大学はありません）があり、例えば小児科の主任教授は国内で20人しかいません。ヒラの教授は日本と同じく薄給ですが、主任教授の給料は年間1億円を超えると聞きました。その額もびっくりですが、その半分は慈善事業に寄付しなければならないそうです。寄付は正式には義務ではないそうですが、それをしないとドイツ社会ではやっていけないとのことです。福祉国家は国民の一人ひとりが支えねば実現しません。

　このように、国民の自由は尊重されていますが、義務も非常に重い、これが福祉国家と言われている国々の文化だと思います。このことは福祉に対する考え方や、国民の倫理行動に大きな影響を与えても不思議はありません。

出生前診断の対象となる染色体異常をもった子供たちの社会対策について、日本と欧米の違いを紹介しましょう。

　染色体異常の中で一番よく知られているダウン症ですが、30年ほど昔は心臓手術も積極的には行われず、10歳までには半数は亡くなっていました。言葉が出ないダウン症も珍しくありませんでした。もちろん、小学校は養護学校でした。

　現代では1歳児の平均余命は50歳を超えますし、お話ができないダウン症はほとんどいません。小学校も支援学級にはなりますが、お友達と一緒に地元の小学校に行けます。読み書き計算もかなりできます。中学と高校は支援学校になりますが、特殊な才能をもっている子もめずらしくありません。しかし、高校を出てからの社会の受け入れには困難が待ち受けています。私たち小児科医はダウン症については「条件が良ければ自立ができる」という理解です。

その条件には肉体的な条件と社会的な条件があります。はっきり言って、日本の社会的条件は欧米と比較するとかなり悪いのが現状です。日本でも公的な組織や自助グループなどで頑張っておられる成人のダウン症の方もおられますが、ひっそりと親元で暮している方も少なくありません。ドイツではダウン症の方の多くは20歳になると公営のグループホームで生活されます。誤解ないように言っておかねばなりませんが、欧米では20歳を過ぎると子供は親から自立するのが当たり前です。ダウン症の方も親から離れてグループホームで集団生活をする、それが自立なのだという考え方です。

面白い話を思い出しました。
　ある時、アウトバーンをドライブ中にパーキングエリアのトイレに入ったら、15歳くらいのダウン症の男の子を連れた父親がいました。他には人影がありません。こんな時、ドイツでは「私はあなたに危害を加える意思はありません」ということをアピールするために（？）「笑顔で挨拶」をしなくてはなりません。私は挨拶に続いて、「よい息子さんですね」と言ったところ、父親は「ダウン症なのです」と答えました。「もちろんわかります」と、用を足しながらその父親と会話したのですが、私が日本人の小児科医だとわかった父親は、「実は、私は息子を学校に行かさず、家庭教師を雇って自宅で勉強させている。成人してもホームには入れないで自宅で一緒に暮したいと思っている。私は間違っているだろうか。日本では成人になっても、親と一緒に暮すダウン症はいるか？」と聞いてきたのです。日本では「親と暮らさざるを得ない」ダウン症の方がほとんどなのです。私はとまどいながらも、「あなたは間違っていない。日本でも親と一緒に暮すダウン症の子はたくさんいる」と答えました。父親は「ドイツでは少数派と信じていた自分の考え方を日本人の小児科医が支持してくれた」と喜んでいましたが、「父親の誤解」に私はショックでした。

5章　科学思想が「いのち」を脅かす危険性 －戦前の優生運動の理解

30年以上も昔の話ですが、同じ敗戦国なのに当時の日本と西ドイツの文化の違いに、なんとも複雑な気持ちになりました。

グループホームは私も何回か訪問しましたが、皆さん仲間同士で元気に生活されていました。先ほど車椅子工場の話をしましたが、ホームから仕事に通っておられる方も少なくありません。福祉活動をされている皆さんはご存知のように、日本では公的なダウン症専門のグループホームはほとんどありません。日本では家族が「周囲に迷惑をかけないように」障害をもった方を一生の間、ケアしなければならないというのが昔からの考え方なのです。

今度は日本の話です。

今から2年ほど前、80歳の認知症の夫を78歳の妻が一人で介護していて、妻がちょっと目を離したすきに夫が電車にはねられて亡くなりました。すると電鉄会社側が700万円か800万円の損害賠償を78歳の女性に請求して裁判所がそれを認めたという判決が下りました。あのニュースには皆びっくりしたのです。「えっ！、日本は福祉国家じゃなかったの？」って。

欧米的な考え方では、国が78歳の女性に80歳の男性のケアを委託しているのです、本当は。そこで起こった事故でしょう。当然国が対応してくれないと困るじゃないですか。在宅介護も良いところがたくさんあります。でも、家族が安心してケアできなくてはならない。そのへんが海外と日本とが違うところです。今までは日本人がお金持だったからできたのです。これからは無理でしょう。

さて、検査で胎児にダウン症が見つかった場合、どのくらいの確率で中絶をしているかという問題です。

欧米では宗教的な背景もあります。単純に日本と比較するのはまずいかもしれません。

これもドイツでの経験ですが、キール大学の細胞遺伝部のボスはトルクスドルフ教授という女性の小児科医で、私も何度か診断告知やカウンセリングの現場に陪席させてもらいました。子供に染色体異常があると診断された時、教授は「神様があなた方夫婦を選んで、この子を預けられたのだ。また神様にお返しする時までにできるだけのことをやってあげよう」と話すことがしばしばありました。宗教的背景がない日本では使えない対話技術ですよね。日本では「子供は神様からの授かりもの」です。「預かった」のではなく「貰ったもの」ですから、どうしようと親の勝手なのでしょうか。言い過ぎかもしれませんが、一つ指摘できるのは宗教的な背景の違いです。

　ドイツでは教授の言葉にうなずく夫婦もいましたが、自分の考えを正直に表明する夫婦も少なくありません。本音で話しあうカウンセリングはとても参考になりました。ドイツでは「3日ルール」というのがあり、出生前診断でダウン症と判明した場合、専門医が告知とカウンセリングを行い、3日間経過しないと産科での中絶はできません。考える時間を確保すべきだという思想です。

　そんなヨーロッパですが、出生前診断でダウン症と判明した場合、イギリスでは90％の方が中絶をしています。イギリスは優生思想が生まれた国ですから優生学的な考え方が非常に強いのだろうと私たちは考えていました。ドイツでは80％くらいの方が中絶していました。アメリカの場合はおよそ半分です。アメリカの場合はキリスト教原理主義など強い宗教的な社会背景があるので、そのままの数字を比較するのは少しまずいかもしれません。中絶率を表す数字は宗教的な背景だけでなく、ダウン症について社会の受け入れも影響する一つのバロメーターだと思いませんか。

5章　科学思想が「いのち」を脅かす危険性 －戦前の優生運動の理解

さて、質問です。日本はダウン症の中絶率は何パーセントくらいだと思いますか？

(受講生：「1割くらい？」)

(1割くらい？) という声が聞えましたね。

　実は、10年ほど前に、ある学会のシンポジウムで、「えっ、日本で羊水検査がやられているのですか、中絶する人？　私は知りませんね」と産婦人科の学会を代表する医師が答えました。
　フロアの私たちは「一体、何を言っているのだ」と思いました。これは「建て前」で、その発言は仕方がないのです。法律に触れるわけですから。すでに話で触れましたが、NIPT という検査は妊婦さんの採血で赤ちゃんの絨毛細胞由来の DNA を分析してダウン症などいくつかの染色体異常の可能性を知るための検査です。学会を中心にコンソーシアムができて、5年間に約5万人の方に対し実験的にこの検査が行われました。ただ法的な背景から、最初は「産むことを前提にした検査」という建て前で検査をしました。もちろん、NIPT はスクリーニング検査ですから、もし陽性と判断されたら羊水検査で確認しなくてはなりません。その中で見つかった700人前後のダウン症（データは2018年3月発表のもの）の胎児の妊娠経過をフォローしてみたら、どのくらいが中絶をされていたと思いますか？
　先ほど1割と言われた方にはびっくりでしょうが、98％が中絶をされていました。海外では全妊娠にスクリーニングが行われていますが、日本では一部の方が検査をしています。もともと関心がある方だけが検査を受ける傾向があるので、中絶率をそのまま比較することはできませんが、日本はダウン症の中絶率がきわめて高い国なのです。日本の現状がおわかりいただけたと思います。

出生前診断には賛否両論があります。

　法律は守らねばならない、中絶が増えることは公序良俗に反する、優生思想につながる、検査が障害をもって現実に生きている方々の生きる権利を脅かすのではないか、さらに福祉行政が撤退する・・・などが反対意見の代表です。

　一方、賛成論者もいます。日本は先進国の中では年間10万人以上という中絶王国です。胎児条項をきちんと作って違法な中絶をやめるべきだ、法治国家としての対応をしなくてはいけないという意見。お金持ちだけが検査できるのは不公平、やるなら全妊娠を対象にすべきという意見。検査で診断できるのは障害のごく一部、福祉国家をめざすことと検査の普及は無関係という意見もあります。賛否については皆さん一人ひとりが考えてください。

　わたしが伝えたいことは、わが国というか、われわれ日本人はまだ福祉国家として欧米先進国に追いついていないということ、今後、国際化の時代へどう対応すべきか、福祉国家として発展する必要性はもちろん、法治国家として整備をしていかなくてはならないことがたくさんあるということです。

6）社会の立場から　－特に裁判判決をもとに

　日常生活の分野にも国際化の波が押し寄せています。先ほど公序良俗という言葉を使いましたが、日本では歴史的な背景もあり、全体の秩序が尊重されてきました。欧米では戦後、人間の権利を大事にするという考え方がきわめて強くなっています。第二次世界大戦のとき、人道に反した罪という名分のもとに、ナチスや敗戦国の罪を裁きました。いちばん重視された原則は自律原則といって、自分で色々なことを決定する権利でした。戦時捕虜に対する人体実験は本人の同意なしに行われるわけで、自律原則に反し、非人道的とされたのです。

　知る権利、知らない権利、自分のことを知られたくない権利、色々な

5章　科学思想が「いのち」を脅かす危険性 －戦前の優生運動の理解

大切な権利がたくさんあります。アメリカでは歴史的に人種問題がありましたし、ベトナム戦争の時代に兵役を拒否する権利とか、妊娠においては生むか生まないは女性が決定する権利があるというウーマンリブ運動が起こりました。これらは公民権運動と呼ばれていますが、要は自律的な選択・決定権が重視される時代になったのです。このような背景から倫理的な物の考え方が随分変わってきています。

● 先ほど触れましたが胎児の生存権を裁判所がどう考えているかの一つの事例を紹介します。

今から20年以上昔の話です。大阪で起こりました。女性の後をつけてきた犯人が、アパートの戸口で女性を背後からナイフで刺したのです。その女性は亡くなりましたが、妊娠中だったため胎児も亡くなりました。その時、判決がどう下るかは関係者には注目されました。

人間一人の命を奪ったとして判決が下されるのか、胎児の命を奪った罪が加算されるのかということです。結果は加算されなかった。

その時、裁判長は新聞にコメントを出していました。その当時、日本では年間30万人の人工妊娠中絶の実態がありました。これを「放置している現状で胎児の命を奪った罪を加算するのは、裁判所として公平性が維持できない」と見解を述べたのです。なるほどと思いました。確かに胎児の生存権は法律には書かれていない。でも堕胎罪という法律があるということは、法律家も胎児の命は人間に準ずるものだと考えている証拠なのですね。

● 次の例。出生前診断に関する判決も相次いで出ています。

訴訟社会のアメリカではよくある話ですが、日本でも遺伝学的にハイリスクの夫婦に、医者が「検査をすれば赤ちゃんに異常があるかどうかわかりますよ」と言わなかったため、「検査の機会を逸した」と家族が訴えた例があります。2000年になってからも起こっていますが、共

通しているのは医者のせいで家族は自律的な選択ができなかった、それは重い罪だということで損害賠償まで認定されています。

出生前診断に関わる裁判の歴史では、医者の責任は認めるとしても「障害児の出生を損害と考える」のは裁判所としてはつらいということで慰謝料だけの判決を下した裁判官もいました。最近の裁判では損害賠償までいくことが多いようです。これらの判決からは「出生前診断はすでに日本の医療の中に定着」していて、「国民は検査を受ける権利がある」ことを裁判所は認めていると考えられます。

では、障害がわかった時に法的に中絶ができるかというと、そこは法律と現場が乖離しています。

昨年は函館判決というのがありました。医師が羊水検査の結果報告で「異常を正常と間違って報告」したのです。医師側はミスを認め、精神的慰謝料については納得しましたが、染色体異常を理由に中絶はできないなど、法整備が整っていないわが国の現状で、夫婦が妊娠中絶の機会を失ったことを理由に損害賠償を課すのはおかしいと反論したのです。しかし、裁判所は両親の訴えを全面的に認めました。

法整備が追いついていない日本の現状が皆さんも理解していただけたと思います。これから国民がどう合意を作っていくかが課題です。私の意見は、この問題は医療従事者だけで決めることではないし、一部の人が決めることでもない。脳死を人間の死として判断するかどうか議論した時のように、政府に「臨時調査会」を作って、国民的議論を背景に十分な議論を尽くして一つの方向性を決めてほしい。そういう時代に来ているのではないかと思います。

5章 科学思想が「いのち」を脅かす危険性 －戦前の優生運動の理解

講演中の著者

6章 医学教育や医療現場で重視される生命倫理学

1）医の倫理

　本日は生命論や医療現場の話を中心に人間の「いのち」について、色々考えてきました。私の話を聞いて、「いままでわからなかったことが、すっきり理解できた」という方は「絶対にいない」と思います。「ふーん、そんな考え方もあるのか」はまだ良いとして、「余計にわからなくなった」とか、それぞれに感想をもたれたと思います。私自身も「どうあるべきなのか、わかっていない」ことを自覚しています。しかし、私たち医療従事者は毎日、「いのち」に向き合っています。それが仕事なのですから。

　特に私は、医学生や看護学生を相手に人類遺伝学や臨床遺伝学を教えてきました。遺伝学は生命現象を扱いますが、「いのち」の価値については扱いません。医療従事者をめざす学生に「いのち」をどう教えるかは教師として、私自身のテーマだったのです。実は、医療技術の急速な進歩により、この問題は現代の医学教育の大きな課題にもなっています。医学教育では歴史的に「医学概論」という講義科目の中で「医哲学」あるいは「医の倫理」として教育が行われてきました。

　しかし、ミレニアムの時代になる直前から「生命倫理学」という新しい学問がわが国にも流入し、医学教育や医療の世界では、瞬く間に拡がってきています。すでに述べた先天異常の臨床現場はもちろん、一般の医療現場や医学研究の現場でも「倫理委員会」が組織され、医師や看護師の決断に大きな影響を与えています。「いのち」が関わる問題は

6章　医学教育や医療現場で重視される生命倫理学

個々の医療従事者が自分で判断するだけではなく、倫理委員会の意見を聞かねばならない時代になったのです。
　もちろん、倫理委員会も個々の倫理委員が議論して結論を出すわけですから、個人の考えが基本になります。生命倫理学のどのような原理・原則あるいは理論や枠組みで結論を誘導していくか、その過程はとても参考になります。ごく簡単にその「さわりの部分」について紹介しましょう。

2）生命倫理学と倫理学の違い

最初に、生命倫理学と従来の倫理学の違いを理解しておいたほうがよいと思います。皆さんは倫理学という学問をご存知ですか？　おや、ずいぶんたくさんの方が手を上げられましたね。

（受講生：高校で習ったという受講生、大学で習ったという受講生が半々）

大学受験の倫理学は哲学者の名前や思想の歴史がたくさん出てきて、どちらかというと「暗記物」というイメージがありますが・・・。

（受講生：一部がうなずく）

ここに、高校の先生がおられましたらごめんなさい・・・。

　学問としての倫理学は深い学問です。倫理学というと道徳や宗教のように「人間の生きるべき規範を教える学問」と錯覚されている方が多いのですが、実はそうではありません。

倫理学の研究方法を一つ紹介しましょう。
　昔、ある国に「特別な法令」ができたとします。その法令がどうして

できたのかは、当時の歴史、風土、政治、宗教、経済、文化など国民の生活実態を十分に調査しないとその答えは出ません。人間の基本的な行動様式と社会性との関連を研究する、これも倫理学の基本的な研究方法です。このような過去の研究から、科学文明の発達など新しい技術の導入が、未来の人間の行動様式をどう変えるか予測することもできます。

　私も大学時代に教養科目として、倫理学を選択しました。講義は思想史のようなもので、必ずしも期待した内容ではなかったのですが、期末試験の評価はレポートでした。私は当時、話題になっていたインドで発見された「狼に育てられた少女」の学術論文をいくつか読んで、「人間の倫理行動は環境によって決定される。人種が違っても基本的倫理行動は似ているが、それは種としての人間の基本的な行動様式が似ているからだ」というレポートをまとめました。

　自分のレポートには自信があったのですが、評価は「可」でした。当時の私は本当に「生意気な学生だった」と、今では反省しているのですが、私は教授の研究室を訪ねて抗議したのです。教授は「人間には人間独自の倫理行動がある。動物とは違う。君のような学生が医学部に行くから、日本の医学はダメなのだ」と言いました。実は、この教授のきびしい言葉が私にとって「反面教師」になり、私はそれからも倫理学には強い興味を持ち続けました。この年齢になってもまだ、生命倫理学を講義しているのですからね。ちなみに、インドの狼少女の論文は信頼性が低いというのが現代の定説です。この点は教授が正しかったのかもしれません。ゲノム科学の立場からも、動物の基本行動を決定する因子はゲノムから伝わっているものがあるかもしれないという話を思い出してください。

少し脱線しましたが、こんどは生命倫理学の話です。

　第二次世界大戦後に倫理学の応用分野として生命倫理学という新しい学問が確立しました。生命倫理学が生まれるきっかけになった一つのエ

6章　医学教育や医療現場で重視される生命倫理学

ピソードを紹介します。抗生物質もなく帝王切開が一般的ではなかった昔は、出産の現場で難産のため妊婦か胎児のどちらかの「いのち」をあきらめなくてはならないことがよく起こりました。キリスト教では人間は生きている間に多くの罪を冒すが、胎児はまだ無垢である。だから胎児の「いのち」は絶対に優先するというのが当時のルールでした。産科医は迷わず胎児を助けたのです。もちろん、昔の医術では妊婦の命を救うのが困難だったのでしょう。

　20世紀中頃になってフレッチャーという哲学者が世の常識とは違うことを言いはじめました。妊婦と胎児の人間としての「いのちの質」を比較した場合、胎児ではなく、妊婦を助けるという選択もあるのではないかと言ったのです。この思想は「人格論」とも呼ばれ、行き過ぎると「障害者の命を差別する」危険思想なのですが、重要なことは、彼が宗教的常識から離れて考えたことに意義があります。

　このことがきっかけになり、宗教の呪縛から逃れた多くの哲学者たちから色々な考え方が生まれ、白熱した議論がなされるようになりました。新しい生命倫理学はこうして生まれました。背景には、第二次世界大戦という悲惨な戦争体験や公民権運動から生まれた人権思想の発達、宗教的倫理観の衰退、それと最も大きいのは生命科学や医学の発達とその影響をあげることができます。

　生命倫理学は特に医療の現場で大切な学問になりました。現在の日本では、大きな病院や大学、研究機関には倫理委員会という組織があり、患者の権利はもちろん、健康やいのちを守る重要な役割を果たしています。医療行為の途上で起こる倫理問題は、十分な時間をかけて議論したり、法廷でゆっくりと議論する余裕はありません。医療機関に常設された倫理委員会で「とりあえず」の判断を即刻下す必要があります。一人の判断で行うより、そのほうが倫理的な判断を下す可能性が高いからです。生命倫理学における倫理分析技術は倫理委員会での基本的な技術となってきました。

3）わが国の医療現場にあった生命倫理学の理論
－「ビーチャムの原理原則主義」

さて、生命倫理学をどう学生に教えるか、私のやり方を簡単に紹介しましょう。

まず倫理の定義を決めなくてはなりません。人間は社会的な動物ですから集団生活をするために一定のルールが必要です。善悪の基準で決まるルールが倫理なのだと考えてください。子供をしつけるときに、これをやっては「ダメ」とか「良くできたね」というふうに「善悪」の基準で教えていくでしょう。それがしつけですよね。集団のレベルで、「善悪の規準」を規範化したのが倫理規範なのです。社会生活を安心して行うためのルールみたいなものです。倫理規範の中で大切なものについては成文化し、罰則を設けて皆が守るようにします。これが法律です。

倫理規範はもともとローカルなものです。普遍的な絶対真理のようなものはありません。中世のヨーロッパや現代でも宗教色の強い国では、宗教的背景が倫理規範の形成に大きな影響を与えました。

では、「道徳」とはどこが違うのかという疑問が出てきます。倫理規範ができ上がる過程で、人間としての普遍性があるのではないか、例えば国が違っても基本的な倫理規範には共通のものが多いじゃないか、そこに人間性の本質を求めるべきだという意見が出てきます。ギリシャや中国では哲学者や道徳家と呼ばれる先人たちが学問のレベルにまで育てました。これが道徳です。

倫理と道徳は国語辞書では明確には区別していません。国家統治の必要から宗教と同じように道徳も支配者から重視されてきました。「道徳教育」と言われると、なんとなく上からの「押しつけられた」気持ちになるのは、戦前の国家主義的な道徳教育を知っている年配者だけでしょうか。

生命倫理学は道徳よりもっと自由で現実的な学問です。生命科学の立

6章 医学教育や医療現場で重視される生命倫理学

場からは「民族が違っても倫理規範に似ているものが多い」理由として、人間の「種としての行動様式が似ているから」と考えます。人間は社会を作って集団行動をしますが、食事・睡眠などの生活様式をはじめ、生殖行動や子育ての方法もかなり共通しています。民族が違っても倫理規範が似ているのはあたりまえなのです。

次に、生命倫理学の理論構築の問題です。

　「生命倫理学」は新しい学問で、色々な学説があります。20年以上も昔の話ですが、私は大阪に看護大学が新設されたとき、教員として赴任しました。看護教育の必須科目として生命倫理学の講義2単位が指定されていたため、私が担当することになりました。

　遺伝臨床の現場体験から倫理問題に多く触れてきた私ですが、年間を通じて講義をするのは初めての体験だったので、誰の理論を中心に講義するのがよいか、準備期間として利用できた1年間に必死で勉強しました。結果的には当時、発表されたばかりのアメリカのビーチャムの原理原則主義が医療従事者にとって、最も理解しやすく、実務的だと考え、採用することにしました。

　その後、数年たってWHOが発表した「遺伝学的検査の倫理ガイドライン」でもビーチャムの考え方が採用され、原理原則主義による生命倫理学は世界的にも医療現場の標準の理論になりました。ビーチャム自身も医者であったことが背景にあったと思いますが、私の選択は間違っていなかったと思っています。

　医療現場で倫理的課題について議論しますと、普通は自分の体験や意見の応酬になり、「声が大きい」メンバーの意見に従うということが起こりがちです。これでは倫理的な対応とはいえません。

　ビーチャムは個々の事例に倫理的にどう対応すべきか「完成された倫理指針」を教えるのではなく、倫理分析の「方法論」を重視しました。事例の倫理的背景を4つの原則に従って分析していきます。原理原則に

照らし合わせて一つ一つの課題を議論し、最後に総合的に「とりあえず」の結論を出します。医療現場では長々と議論を続けるとか、裁判所の判断を仰ぐといった「時間的余裕」がないのが普通です。ビーチャムの倫理分析技法は医療現場に合っているだけでなく、文化的背景が異なる集団でも利用できる理論として優れていると思います。

原理原則主義で最も重視するのは「自律原則」です。

「嫌なことを強制されるのは倫理原則に反する」という考え方は優生運動の悲劇や戦後の人道主義、公民権運動から生まれた人権主義が背景にある思想です。現代医療の主流である「患者中心の医療」の立場からも患者の意志の尊重は大切です。生命論からも「自律」は生命の本質です。もちろん、「本人が希望すれば好きなことができる」わけではなく、「正義原則」で「社会的な同意を得られるか」を吟味しなくてはなりません。このために、法律や裁判例、色々なガイドラインを調べます。

その他にも「無加害原則」といって、患者にとって害とわかっている行為を認めるわけにはいきません。これはヒポクラテスの「患者に頼まれても毒薬を処方しない」という教えから由来しています。具体的には、その決断によって「患者や関係者がどのような不利益を受ける可能性があるか」吟味します。また「善行原則」といって、医療従事者として「その行為が患者のために良いと思って行った」のかどうかも吟味します。具体的には、その行為によって、「患者や関係者がどのような利益を得たか」を議論します。その利益が社会的に同意できるかどうかは、また正義原則で議論します。

最後に「統合」といって、4つの原則の分析をもとに、「とりあえず」の総合的判断を行います。学生たちにグループワークというスタイルで、事例の分析を行わせると、グループにより最終評価が異なることも珍しくありません。ただ、この方法で分析を行うと、「なぜ他のグ

6章　医学教育や医療現場で重視される生命倫理学

ループと結論が違ったか」がわかります。多くは、個々の原理原則の評価が微妙に異なるのが原因です。さらに議論を重ねて、より良い結論をめざす、これが倫理分析技法です。

倫理的判断は絶対的なものではなく、個々の事例で結果が異なることもあります。また、どうしても倫理原則同士が対立してどちらを優先するか、判断が難しい場合もあります。環境や文化が異なれば最終評価は当然、違ってきます。

最先端の医療分野では、社会的なルールや法律が追いついていないものがたくさんあります。例えば、胎児に同じ障害が見つかったとしても、家族の条件や受け入れる社会の状況が同じものは一つもありません。個々に最適の条件をさがす、このことが大切なのだと思います。

生命倫理学では「いのち」にどう向き合うか－事例検討

生命倫理学、特にビーチャムの倫理分析技法を簡単に解説しましたので、「いのち」が関係する応用例を紹介しましょう。

1）障害をもった子供の治療をめぐって －私の体験事例から

- 最初の例は、私が臨床遺伝医のトレーニングを受けはじめて2年目に経験した話です。

　40年前の話ですが、私は開設してまだ間もない神奈川こども医療センターの遺伝科レジデントでした。

　「昨夜入院した十二指腸閉鎖をもつ新生児がダウン症かもしれない。もしダウン症なら手術しないと外科が言っているので急いで診断してほしい」と新生児科の部長から電話を受けました。当時の技術では新生児の骨髄血から染色体標本を作製して診断するのが最も早く、数時間で結果が出ました。私はすぐに骨髄血培養の準備をしてNICU（新生児集中管理室）に向かったのですが、入り口で看護師に「阻止」されました。「先生がダウン症と診断したら、子供は手術を受けられずに亡くなるのですよ。それでも診断をするのですか？」と言うのです。私は看護師の思いがけない言葉にショックを受けて、検査をあきらめ、一目見てダウン症とわかる新生児を後に医局に戻りました。

　「このケースの担当から外してください」と遺伝科の部長で私の指導医だった松井一郎先生に申し出たのです。もちろん、松井先生からはひどく叱られました。「正確な診断をもとに治療方針を決めるのが現代医

7章　生命倫理学では「いのち」にどう向き合うか－事例検討

学の方法論だ。ダウン症だったら手術をしないという外科の方針は教育病院としては問題だが、ダウン症かもしれないからという理由で診断を拒否する看護師の考え方も間違っている」というのが松井先生の主張でした。

先生の計らいで「まず確定検査を行い、その結果をもとに治療方針については外科、新生児科、遺伝科、看護部の代表からなる委員会を作り（当時はまだわが国に倫理委員会はありませんでした）、議論して病院としての治療方針を決定しよう」ということになりました。

検査の結果、ダウン症と確定診断されました。委員会では「親の了解を得て、積極的に手術を行うべき」と結論が出されました。十二指腸閉鎖は完全な栄養補給ができなかった当時の技術では、手術をしなければ赤ちゃんの命は１週間前後です。手術の説得は遺伝科が行うのがよいと決定され、私がその担当に指名されました。私は覚悟を決めて「説得」を開始しました。

説得を始めてすぐにわかったのですが、その子の母親は、当時の言葉でいうと「お妾（めかけ）さん」だったのです。今の若い方は「妾」がわからないかもしれませんね。「愛人」とは少し違うのですが、正妻ではなく、きちんと別宅をもらって「旦那」に囲われた女性です。社会的にはとても弱い立場の女性でした。父親は「旦那」です。この事例では最後まで父親には会うことができませんでした。

当時の私はカウンセリング技術も未熟で、「泣き落とし」から「脅し」まで色々な手を使いました。しかし、母親だけでなく、病室に集まった母親のご両親や兄妹までが床に土下座して「手術をしないでくれ」と泣いて私に頼むのです。説得はうまくいかず、結果的に１週間目にそのダウン症の子供は息を引き取りました。

この事例は臨床遺伝医になった私の最初の忘れられない体験でしたが、実は同じような事例をその後の40年の臨床体験中に何度も経験し

ています。誤解のないよう、しっかりとお話しなくてはなりませんが、当時はダウン症の子供たちは10歳までに半分以上の方が亡くなっていました。現代では1歳児の平均余命は50歳を超えています。救命的な手術も積極的に行うようになったからです。

　昔は「言葉がでない」ダウン症の子供も時々見かけました。難聴や脳波異常を合併する子供がたまにいるのですが、これも医学的管理が良くなったので、現代では「言葉がでない」ダウン症の子供はほとんどいません。昔は養護学校に行くのが普通でしたが、現在では支援学級にはなりますが、普通小学校で受け入れてくれます。個性というか、一人ひとり高い知性をもっていますし、特殊な才能をもっているダウン症の子供も珍しくありません。もちろん、染色体異常の中にはダウン症より重い障害の子供たちがたくさんいます。生命的予後がとても悪い染色体異常の子供でも、もしご両親が希望すれば、できるだけ積極的に治療するというのが現代の考え方です。

ただ、問題は「ご両親の本当の気持ち」をどうやって確認するかという問題があります。

　これも私の体験なのですが、18トリソミーという生命予後が悪い染色体異常をもった3歳の女の子がいました。ご両親は一生懸命、自宅でケアしていたのですが、肺炎になりました。母親は「今回はもう、このまま自宅に置いておきたい」と言ったのですが、私は強く入院を勧めたのです。入院後に朝になると子供の点滴が抜けていました。すぐに入れ直したのですが、翌朝も抜けています。看護師が「付添の母親が抜いている」ことに気づきました。「入院治療についてきちんと説明したのですか？　すぐに母親を指導してください」と私は病棟婦長からつるし上げられました。しかし、「自分の子供を殺したい親」なんているはずがありません。私は母親の気持ちを推し量ると、どうしても母親を責める気にはなれなかったのです。

7章　生命倫理学では「いのち」にどう向き合うか－事例検討

● 次の例は、生まれてすぐに私が診断した染色体異常の事例です。

　13q 部分モノソミーという比較的稀な染色体異常でした。この染色体異常では網膜のがんが発生するので、その子は生後すぐに両眼摘出を行い、発達障害に加えて全盲という視覚障害も負うことになりました。

　私は2年間ほど、定期的に外来でフォローしたのですが、やがて養護学校に入学したという便りをいただき、安心していました。その子が小学校2年生になったとき、突然、父親がその子を殺害したことを新聞で知り、衝撃を受けました。何度もお会いして、熱心に障害をもったわが子を育てておられた父親です。その笑顔の中に、私は「ご夫婦の本当の苦労を理解していなかったのではないか」と強い挫折感を感じました。

　医療従事者は職業的な責任から手術など治療を勧めます。それは当然のことです。しかし、親の苦しみを本当に理解しているのか、常に反省しなくてはなりません。医療従事者の倫理観を患者に押しつけるのではなく、当事者が心から納得した決断を確認するという、自律原則の重視はきわめて重要なことなのです。

　最初に断っておくべきだったのですが、この章でお話した体験はごく一部の特殊な事例です。これまでにお会いした大勢のご家族から、「幸せに暮らしている」というお便りも毎年届いています。「あの時、なんとか子供を助けようと努力して本当に良かった」と述懐される方も珍しくありません。

　手術など適正な治療が受けられない子供たちがいるということも事実だということを知っていただきたかったのです。なかには「将来の障害発生について十分に話がないままに手術を承諾させられた」という理由で、医師や病院が後になって「告知義務違反」（今の言葉でいうとインフォームドコンセントが不十分）という理由で告訴される例も聞いています。カウンセリング技術の重要性はもちろんですが、障害児をかかえた家族への情報提供、療育など福祉との連携、社会的偏見への対策など、医療従事者だけでは対応できません。直接家族と接する機会の多

い皆さんの活動も社会に働きかける大きな力になっていると思います。

2）ベビー・ドゥ事件

事例1の体験とそっくりの事件が、それから10年後にアメリカで起こり、「ベビー・ドゥ事件」として世界的に有名になりました。欧米の福祉思想や生命倫理学に大きな影響を与えた事件ですので、少し詳しくお話しましょう。

アメリカのブルーミントン市の病院で生まれたダウン症の赤ちゃんに消化管閉鎖が見つかりました。小児科医は手術を勧めたのですが、産科医は「手術をしないという選択肢もある」と話し、結果的に両親は「手術はしない」と決断したのです。その日のうちに報告は病院長に伝わり、病院長は地方判事に判断を委ねました。同日の夕方には陪審員が集められ、1回目の公聴会が病院の応接室で開催されました。

まず両親の法的な親権が第三者（市の福祉部長が法的代理親に指名されました）に移されます。本来はその生存権を守るべき親が、逆に死を望んでいる場合、「公平性が担保」されなければならないという思想です。その上で最終判断は裁判という方法で「社会の正義観」に委ねようという考え方です。

裁判結果は「手術を受けさせたくない」という親の気持ちが陪審員に受け入れられ、「手術をしない」という親の選択が支持されました。翌日には代理親の福祉部長が「裁判の結果は尊重するが、他の方法でドゥを少しでも生かすよう努力してほしい」と要求しました。病院側が「苦痛を伸ばすだけだ」と拒否したので、福祉部長は州の上級裁判所に控訴しました。州立裁判所も即日に裁判を開催しましたが、陪審員はやはり「何もしない」という病院の決定を支持しました。

ニュースは全世界に報道され、アメリカ各地から養育親制度を利用してドゥを助けたいという申し出が相次ぎました。残念ながらこの申し出は間に合わず、ベビー・ドゥは死亡しました。

7章 生命倫理学では「いのち」にどう向き合うか－事例検討

　その後、当時のレーガン大統領は「法的弱者の生存権保護について、わが国の法律に不備があるのでは」と法務省に検討を命令しました。法務省は「たとえ親でも障害を持った子供の治療を止めさせることはできない」という「ベビー・ドゥ規制」を法案化しました。これに対してアメリカの小児科学会が「この問題は両親と主治医の関係性の中で、医療的に対応すべきだ」と反論し、法案は撤回されます。その後、約10年間の論争が続きました。この論争は「ベビー・ドゥ論争」と呼ばれ、障害者福祉や法的弱者の医療に関する法律の整備だけでなく、生命倫理学の発達にも大きく寄与したのです。

医療現場における当事者だけの判断では医療が非倫理的な方向に進む危険があることは多くの事例が物語っています。

　関係者が集まって公開の場で一定のルールに基づいて議論することが重要です。生命倫理学では原理原則に沿って分析しますが、自律原則で当事者の範囲をどう限定するか、意志を表明できない患者の利益をどう守るかなど難しい議論になります。
　「ベビー・ドゥ事件」では、最初の公聴会で判事が「今回は親の権利の妥当性に関する裁判である」と宣言し、その後、子供の親権を両親から第三者に移しました。その上で議論が進められていきます。このような裁判による判決や倫理委員会における判断に従うのは実際的な解決ですが、その判断は絶対唯一の正しい倫理的判断と考えてはいけません。社会活動や医療活動を維持するための「一つの現実的な解決」に過ぎないのです。

ビーチャムの倫理分析から、このベビー・ドゥ事件を分析してみましょう。
　毒薬を注射するなど積極的な加害行為ではありませんが、救命できる

のに「手術をしない」という行為は無加害原則での議論の対象になります。医師が両親の「障害児を育てるという苦労を免れる」ことに協力する行為が善行になるかどうかは、善行の原則で議論します。無加害原則や善行原則が社会的に容認できるかどうかは正義原則で議論します。ここでは親の意志、すなわち自律原則が守られたかどうかは重要なポイントですが、自律原則が守られれば何をやってもよいというわけではありません。家族やその家族が属する社会的背景から個別に判断されるべきでしょう。

「ベビー・ドゥは死んだのだから、結果的には日本と同じではないか」と言われるかもしれません。私の体験も含めて、このような事例はわが国ではほとんど水面下で収められ、国民を巻き込む議論にはなりません。この文化の違いが大きいのです。だから福祉が進まないのだという理由につながるかもしれません。ただ私の事例では、思いがけなかった「現場看護師の拒否」行為が、私の生命倫理学への興味の原点の一つになったことは事実です。

「ベビー・ドゥ事件」の直後、アメリカで出版された「その子は生きるべきなのか、医師が子どもたちを殺している（Should the baby live? -Doctors kill the babies）」という本があります。手許に見つからず、参考文献には載せなかったのですが、友人の玉置知子先生（もと兵庫医大遺伝学講座教授）が彼女のアメリカ留学中に出版されたばかりのその本を私に送ってくれました。副題が「医師が子どもたちを殺している」という過激な表現から「障害児の命に関する倫理的問題（The Problem of Handicapped Infants. Studies in Bioethics）」と変更された改訂版は現在でも入手可能のようです。その著書にはベビー・ドゥ事件の詳細に加えて、イギリスの事例が紹介されていました。

イギリスのある病院で、ダウン症の女の子が生まれたのですが、主治医は「家族の希望」を受け入れ、新生児室の担当看護師に「看護だけで

7章 生命倫理学では「いのち」にどう向き合うか －事例検討

よい（Nursing care only）」と指示しました。看護師は栄養補給を行わず、赤ちゃんが泣くと医師の指示に従って鎮静剤を与えました。2、3日後に赤ちゃんは亡くなったのですが、あまりにひどいということで、内部告発され、裁判にかけられました。医師は毒薬を投与したわけではないので「殺人準備罪」という罪で告訴されたのですが、判決は無罪になりました。裁判後に英国放送協会BBCが世論調査を行ったのですが、大部分の国民がこの裁判結果を支持したそうです。

　この事例も、とても難しい問題があります。先進国共通の認識として新生児は一個の人間としての尊厳を保証されています。しかし、新生児は自分の力だけでは生きていけません。医師は結果的に新生児が死亡することを専門的立場から確実に予測しながら、基本的な医療処置を控えたわけです。「家族の希望」に従ったとはいえ、医療従事者の職業倫理からは大きな問題があります。ベビー・ドゥ事件と共通する問題です。

　「基本的医療を控える行為」が加害行為にあたるか、「家族の希望」に沿うことが善行の原則にあたるか、正義原則における議論は背景となる家族や対象となる患者の状態はもちろん、時代、文化、宗教などで異なります。皆さんは、日本ではこのような裁判結果が出るはずはないと思われるかもしれません。裁判結果と倫理判断が乖離する例として、わが国における裁判例を次の、「3) 救命手術」の事例で紹介します。

　障害者や法的弱者の生きる権利については、この他、高次精神機能が侵された患者の生存権論争として「カレン裁判」があります。カレンという若い女性は麻薬中毒で植物人間になって、1年の間、呼吸維持装置により生き続けました。しかし、両親が呼吸維持装置の取り外しを希望し、裁判所がそれを認めました。その後、カレンは死亡しました。

　この問題は「看取りの医療」や終末期医療の問題、安楽死の問題から死の判定に関する脳死論争と続きました。このように医療現場にはたくさんの事例があります。この「いのち」に関する論争は医療の永遠の課

題だと思います。

3）救命手術は正しかったか ―ある宗教が関係した事例

● 宗教的な背景から「輸血をしない」ことを約束したうえで、予後が悪いと判断された悪性腫瘍の手術が行われた事例があります。

　ところが術中に思わぬ大出血が起こり、外科チームは輸血せざるを得ませんでした。手術は成功して患者は延命しました。しかし、患者は「輸血をされた」ことで精神的苦痛を受けたと裁判に訴え、裁判所は患者の訴えを認めました。「輸血」が患者の意志に反し、自律原則を侵したことは明らかです。

　この事例では患者が大人ですからわかりやすいのですが、子供の場合は意志の確認が容易ではありません。無加害原則で議論される患者の宗教的な苦痛が社会の同意を得るかどうかは正義原則で議論されます。どのような宗教でも社会の同意を得るわけではありません。また、患者との約束は守られませんでしたが、救命の目的で輸血した医師の行為が加害行為にあたるのか、善行にあたるかどうかも議論の対象になります。

　医師あるいは医療従事者の職業倫理には「たとえ患者から依頼されても毒薬を処方してはならない」というヒポクラテス以来の倫理原則（無加害原則の由来）や、政治や宗教を越えて公平に患者を診療しなくてはならないという世界医師宣言（ジュネーブ宣言）があります。緊急の場合にはインフォームドコンセントを省略してでも直ちに救命を行う義務があります。

事例の分析を一休みして、医師の基本行動について考えてみましょう。私たちの研修医時代（1970年代）はいわゆる医学部闘争の時代でした。
　私たち10名前後の卒業したての小児科研修医は全員、医局には入局せず、そのため医局の指導医との関係も少しギクシャクしていました。

7章　生命倫理学では「いのち」にどう向き合うか －事例検討

　当時の研修医は全くの無給でしたから生活も大変だったのですが、医師免許を取得した最初の年は外部の病院のアルバイトは禁じられていました。やっと病院当直などアルバイトに行けるようになった時のことです。

　私たち研修医の病棟指導医をされていた清野佳紀先生という先輩が、「君たちの医療技術はまだ未熟だ。期待はしていないが、もし当直先の病院が火事になり、1人の死亡者が出たとき、それは当直医であってほしい。患者1人でも残して当直医が助かるなんて恥をさらさないでほしい」と厳しいことを言われました。

　清野先生は岡山大学の小児科教授になられた方で、物静かな言動の中にも教育者として熱い情熱をおもちでした。医学部闘争という混乱の中で医師を育てねばならないということで、清野先生だけでなく、私たち研修医を指導された先輩の先生方は一生懸命だったのだと思います。

　ジョン・フォードの「騎兵隊」という有名な西部劇映画でも作戦が終了して部隊が撤収する時、軍医は負傷者と一緒に敵地に残りました。私は映画と同じことを東北の震災でも経験しました。

　被災地の多くの病院で職員の「解散命令」が出たのは入院患者の移送が終了した震災後1週間くらい後のことでした。私はこの間に被曝した医療従事者の被曝カウンセリングを何例も経験しました。予期しないことが起こっても、医療従事者は患者の救命を第一に優先する、この信頼のもとに医療従事者・患者関係は成り立っているはずなのです。

　さて、事例の分析に戻りますが、もし輸血せずに患者が死亡した場合、例えそれが患者の希望だったとしても、医師としての責任を果たしたと言えるでしょうか。もちろん、最初の段階で「輸血をしないで手術をする」という医療契約を結んだ医師の行為は大きな問題です。「患者中心の医療」の立場からも、患者の自律原則はきわめて重視されるべきなのです。

　この事件が報じられた時、私は講義の中で学生に倫理分析の演習課題

としてこの事例を与えました。多くの学生たちは有罪とした裁判所の判断を予想しました。これも予想どおりだったのですが、裁判とは独立して行われる医道審議会（免許資格に関する審議会で、医師会が委託されています。この決定をもとに厚生労働省が免許の剥奪や資格停止の判断をします）の審査では、医師の行為について道徳的に不問とされ、医師免許についての行政処分は免れました。法的な判断と倫理的判断は必ずしも一致するわけではありません。この事件の後、この宗教を対象とした倫理ガイドラインが作成され、現在の医療現場では利用されています。

4）減胎手術をめぐって

●次の事例です。皆さんは「多胎妊娠」をご存知ですよね。

　一卵性双生児とか二卵性双生児には皆さんも興味をもっておられるでしょう。この会場には100人近くの若い方がいらっしゃいますから、1人くらいは「自分は双生児の片方だ」とおっしゃる方もおられるはずです。

　さて妊娠経過の途中、何らかの理由で安全な出産が危ぶまれた時、片方の胎児の妊娠続行をあきらめ、残りの胎児の出産をめざす、このような手術を減胎手術といいます。

　今から30年以上も昔ですが、当時の日本母性保護医協会（通称「日母」）という医師の団体は「減胎手術の禁止令」を発表しました。背景には安易な不妊治療の横行もあったのでしょうが、当時の技術では減胎手術はかなり危険な手術で、減胎手術が健康な胎児に与える影響も稀ではなく、成功例が必ずしも高くなかったことが主な理由だと思います。ですから、もし母体の健康が理由でこのままの妊娠継続が難しい場合、両方の胎児をあきらめることになります。

　母体の健康を確保するために「健康な胎児のいのちを奪う」ことをどう考えるかという問題で、「母体の命と胎児の命、いずれを優先するか」

7章　生命倫理学では「いのち」にどう向き合うか －事例検討

というお馴染のテーマです。

　さて、2人の胎児の片方に重篤な障害が見つかった場合、その胎児の命を選別することはどうでしょうか。片方の胎児に染色体異常が見つかり、生まれてから重篤な障害が予測される、出生前診断の進歩でこのような場面が珍しくない時代になりました。この時、現時点ではあくまで「減胎手術は認めない」ということで、そのまま妊娠を継続するか、2人の胎児の出産をあきらめるかの選択しかありません。中絶行為そのものも含めて減胎手術を認めないというのが国民的合意であれば、それはそれで「いのちの重要性は障害の有無とは関係ない」という一つの理想を追及する行為といえるかもしれません。

　倫理的な議論としては、「障害児の選別をしないことを優先」するために、健康な胎児の命も含めて2人の胎児の命をあきらめるのは、逆に「胎児の命の軽視」にならないかという正義原則の中の「適正（property）」をめぐる意見や、母親または夫婦の希望や福利が侵され、自律原則に反するという議論が起こるでしょう。欧米で生まれた生命倫理学では、当事者の権利を優先するため、自律原則は特に重視されます。

　一方で日本文化は良くいうと形式美を尊ぶ文化、悪くいうと「建て前主義」の傾向があります。「正義のためには命も惜しまない」は武士道の歴史かもしれませんね。確かに倫理委員会など公式の議論では法律やガイドラインなど「建て前」が優先される傾向が感じられます。ただ水面下では、良くも悪くも「したたかな日本人」という実態があるような気もします。

　もちろん、欧米でも色々な意見があります。私が好きなシャーロック・ホームズのドラマでも、「法は犯したが、正義は守られた」と述懐する場面が時々あります。

5）トリアージ

●「いのち」のやり取りで、もう一つの例を紹介します。

　阪神大震災の時、西宮に住んでいた私も、2ヵ月ほど災害医療に参加しました。震災では6000人を超える死者が出ましたが、災害医療現場で「トリアージ」を的確に行うことができていたら死者を4000人に抑えることができたと言われています。今でこそ災害現場では「トリアージ」という医療行為が行われることを誰もが知っていますが、当時は一般には知られていませんでした。

　トリアージとは救命率を上げることを目標に行う医療です。救命の可能性がない患者は治療をしません。もともとはベトナム戦争の時代に実施された医療思想で、戦争とか災害現場という「平時の医療」とは異なる場で採用されます。災害現場ではマンパワーも医薬品も限られているからです。「人間の命は平等だ」という人道主義とは一見異なった考え方ですが、極限の状態で「いのち」を最大限に救うことを目標にした医療です。

医学教育の現場で、昔から採用されてきた教育方法があります。

　「お金持ちと貧乏人の2人が同時に診察を依頼してきた。君はどちらから診察するか」と教授が学生に聞きます。学生が一瞬、考え込むと、すかさず「重症の方から先に診察するのが当たり前ではないか」と一喝するのです。医師は貧富の差で患者を選別してはいけないという、ギリシャのヒポクラテスの教えに由来する医療思想です。

　混乱した阪神大震災の救援活動の現場で、助かる見込みがありそうな患者から対応する、見込みがない患者は後回しにするなど、トリアージを試みた医師も少数いたのですが、後日「被災者全員が殺気立っていて、そんなことをしたら自分の身が危険と感じた。とてもできる状態で

7章 生命倫理学では「いのち」にどう向き合うか －事例検討

はなかった」と述懐しています。本格的なトリアージは銃を持った兵隊の管理下で行うべきという意見もあります。普段から的確にトリアージができる災害医療の専門スタッフを育てるだけでなく、災害医療について住民を教育しておかねば、いざというときにトリアージ医療はできません。

　阪神大震災の後では災害医療の専門教育だけでなく、一般の病院勤務医や国民にもトリアージ教育が導入されています。その後の新潟地震、東北大震災では災害医療の質が大幅に改善され、現在に到っています。

　私も災害時の医療活動に関する講演で、トリアージについて触れた時、聴衆から「トリアージは人道主義に反するのでは」との質問を受けたことがあります。「誰の命も価値は同じ。公平に治療すべきではないか」との意見です。正義原則で重要な原則に「公平性」があります。もし一部の命を優先するなら、その行為がその場の全員に納得できるものでなくてはいけません。私は、「もし、トリアージが行われなければ、どのような順序で診療が行われるか、考えてください。救命率が下がるだけでなく、社会的弱者は後回し、VIPが優先などという不公平は、過去の戦争や災害ではいくらでも例がありますよ」と反論していました。もちろん、マンパワーも資材も十分な平時の医療ではトリアージは行われません。平時と非常時の的確な切り替えが重要なのです。

6）救命ボート

　特殊な場面で「いのち」に序列をつけるという行為は、正義原則の「公平性」や「適正性」で議論されますが、タイタニック号の遭難の話もよく例に出されます。救命ボートの数が限られている場合に、どのような順序で乗客を乗せるかという話です。タイタニック号の遭難事件では金持ちの1等船客や一部の船員が優先されたことが後日、問題になりましたが、全体的には弱者優先思想により婦女子が優先されました。

　話がまた脱線しますが、女性崇拝思想は中世ヨーロッパの吟遊詩人が

広めた思想で、イギリスのジェントルマン教育に採用され、ヨーロッパのレディファースト文化になったと言われています。さて、タイタニック号の遭難事件では、夫婦は別たれ、結果的に多くの寡婦が生まれました。生き残った寡婦のその後の生涯が必ずしも幸福ではなかったという反省から、海事分野ではこの遭難事件の後に「家族単位優先思想」が生まれています。

生命倫理学では、「法律や宗教など、固定的な教条主義で方針を強要することは倫理的に間違っている、個人の権利をもとに、その場の選択を考えなさい」と柔軟な対応をしています。

　倫理分析では次のようなことを議論します。まず、社会的な支持を得るために正義原則で、公平な選別かどうか（公平性）、その方法の長所（卓越性）と適正性、社会に与える影響（効果性）、人間の権利や尊厳が冒されないか（尊厳性）などを検討します。そして、その選別が現場の乗客に納得されるかどうかという自律原則が重視されます。
　先ほどの減胎手術に関するわが国の考え方は、「誰をボートに乗せるか、不公平が生じてはいけないから、ボートを壊して全員船に残ろう」という選択に近いかもしれません。それも一つの選択ではあります。

7）自己犠牲は道徳的？

　宗教的な教義に基づいて行われる自爆テロは道徳的と言えるのでしょうか。仮に本人にとっては自らの命を犠牲にして「善行」を実行するという信念があったとしても、その被害を受ける一般人の気持ちは無視していますし、その方法も残酷で、無加害原則にも反します。宗教的背景など属する社会によって正義原則の判断は異なる可能性がありますが、人道的なものとは言えません。
　では、日本の神風特別攻撃隊はどうでしょうか。被害を受ける対象が

7章 生命倫理学では「いのち」にどう向き合うか －事例検討

軍事施設や軍人に限られている場合、軍人はもともと死を覚悟して戦場に出ているという点で非戦闘員である一般民間人が被害を受ける場合とは判断が異なるかもしれません。しかし、攻撃機に乗り込む乗員が本当に自分の意思で死を覚悟したのかどうかという問題が残ります。もちろん、乗員の家族や仲間の気持ちも無視できません。

　目的遂行の方法論は善行原則や正義原則で議論されるでしょう。社会的な意見は日米で異なるかもしれませんが、少なくともアメリカ人社会では道徳的あるいは倫理的と判断される可能性はないでしょう。このように、倫理判断は普遍的・絶対的なものではありません。

　もっと悲惨な例ですが、沖縄戦で洞窟に避難した同胞の命を守るために、赤ちゃんが泣き声を上げないよう、自分の子供を殺した母親の話があります。母親が周囲から「強いられて」子供を殺したのか、自分の意思なのかは自律原則で検証します。子供を殺すという加害行為は明らかですが、多くの仲間を助ける行為を善行と考えるかどうかは正義原則での議論になります。

　先ほどの特攻機の話もそうですが、もともと戦争という、きわめて非倫理的な環境で起こったことですから、個々のケースに平時の倫理原則をあてはめるのは適当ではないという意見もあるでしょう。しかし、生命倫理学の倫理分析技法は第二次大戦の悲惨な体験から生まれた人権重視思想が基礎になっていることも事実なのです。

次に、医療がかかわる「自己犠牲」に関する議論を一つ、紹介しましょう。

　参考文献で紹介した「遺伝医療と倫理・法・社会（メディカルドゥ）」に、イギリスで行われた出生前診断に関する公開論争の例が紹介されています。ある哲学専攻の大学教授が「自分のお腹の中にいるダウン症の子供の命をあきらめる（自己犠牲）ことにより、社会の負担を減らす行為（善行）は道徳にかなう」と出生前診断を擁護する発言をしました。

この教授は「両親はできるだけ正常で健康な子孫を残すための選択をする道徳的な理由がある」とも発言したのですが、会場の参加者の全面的な同意を得ることはできませんでした。

　倫理分析では両親の自律的な選択の権利を認めると、胎児の命は（？）という難題に直面します。高次精神機能を生命の条件として「胎児はそれをもっていない」と考えて、この問題に対応しようとすると、「人格論」論争になります。「胎児は自然に将来、高次精神機能を獲得する」ことから「現状での判断は不当」という対立する考えがあります。また妊娠中絶という行為自体も無加害原則から問題にされるでしょうし、医師の行為が、両親の希望に沿うからといって「善行」と言えるかという議論になります。また、すでに障害をもって社会で生きている方々の生存権を侵さないかという正義原則における議論は深刻でしょう。

　この論争はイギリスで行われましたが、出生前のスクリーニングが全妊娠で行われているイギリスではダウン症と判明した胎児の90％が合法的に中絶手術を受けていることも事実なのです。他人に厳しく自分に甘いのは人間の性（さが）と言うべきで、公開の議論と国民の気持ちの間で乖離が起こる背景（宗教、文化、経済、社会状況、福祉の現状、教育など多くの背景がある）も倫理判断の難しさとして理解しておかねばなりません。

自己犠牲について、生命論的な意見を追加しておきましょう。

　利己的遺伝子論を展開した現代の生命論学者のドーキンスの意見です。

　野鳥の世界でも親鳥が卵やヒナを守るために外敵に身を捧げる例が見られます。これは「倫理行動なのか」という議論です。ドーキンスによると、生命の源はゲノムにあり、ゲノムの自己保存という基本原則が個体の行動を決定していると考えます。いわゆる個体の高次精神機能に基づいた倫理行動ではないと言うのです。それぞれの個体ではなく、ゲノ

7章　生命倫理学では「いのち」にどう向き合うか －事例検討

ムが「種の生き残り」に向かおうとする、これが「いのち」の本質だという意見です。

　高度の社会生活を行う人間社会にそのまま導入できる考えではありませんが、先ほどのイギリス人教授の考え方の背景にはそのような少し歪んだ「生命の本質論」を感じました。

　ちなみに、猿は、死産した赤ちゃん猿を2週間くらいは抱いたまま離しません。これは「倫理行動」の一つと考えられていましたが、日本人学者が母体ホルモンの影響で行動が決定されていることを証明しました。倫理的に見える行動も科学的に分析する必要は認めますが、それでも私は人間の倫理行動は高度な社会生活と切り離して考えることはできないと考えています。

　いくつかの事例を通して、生命倫理学が「いのち」とどう向き合っているかお話しました。「なんだ、生命倫理学の話を聞いても倫理判断が確実になるわけではないのか」と失望された方もいらっしゃるでしょう。「かえって、わからなくなった」と思われる方もいるかもしれません。私の説明の仕方が下手だったのかもしれませんが、結局は、倫理判断は「社会的条件や色々な背景をもとに個別に、所属する関係集団で決めていくしかない」と考えるべきなのでしょう。そのための合意を導くのが倫理分析理論なのです。

　生命倫理学の教育は、道徳のような決まった規範を教えるのではなく、どのような行為が倫理的な行為なのか、その分析方法を教えることにあるという考え方を理解していただきたいと思います。

8章 おわりに

　さて、そろそろ時間がなくなってきました。人間の「いのち」をめぐる議論、本当に難しいですね。私の講演では、人類遺伝学という生命科学の一分野を学び、学生に講義をしてきた経験と、医療現場で人間の「いのち」に向き合ってきた医療従事者としての体験から、「いのち」に向き合う考え方と方法をお話させていただきました。

　人間にとっては生と死、「いのち」は常に最も重要なテーマです。決して科学だけで割り切れる問題ではありません。歴史的にも多くの崇高な知性が「いのち」を研究してきました。本日は哲学的な解説は避けましたが、それは明日の宗教家の方のお話や、法律関係の専門家の方の話につなぎたかったからです。

　それから、日本的な倫理観として「世間に迷惑をかけない」とか「たてまえ主義」を例にとり議論しましたが、もともと倫理行動は社会生活をする人間のルールとして発生したものです。その意味では日本的な倫理観も高度な倫理行動と言えます。ただ、そのことが「いのち」の尊厳や個人の利益を犠牲にする可能性があります。特に障害者をはじめ弱者にしわ寄せがきます。本書でも紹介しましたが、福祉の考え方に欧米と日本で大きな差があります。倫理観は個人のレベルでは「人格」の構成因子の一つですし、巨視的には「文化」の一部です。これから国際化の時代を迎えますが、倫理観が異なる者同士は友達になれません。日本人の倫理観も国際化を迎えて今後、大きく変化していくでしょう。どのような倫理観を形成すべきなのか、これは生命倫理学の役割です。地球上の生物の「いのち」にどう対応するか、これも生命倫理学の課題なのです。「いのち」を総合的に理解する、それは学問の永遠のテーマなのでしょう。

8章　おわりに

　本日は、社会活動のリーダー養成研修ということで、若い皆さんの前でお話をさせていただきました。「いのち」をどう考えるか、70年以上生きてきた私にも難しいテーマでしたが、皆さんの協力で楽しく話をさせていただきました。今後の皆さんのご活躍を祈って話を終えたいと思います。最後に勤務先の若い仲間と一緒の写真をご披露します。ご清聴ありがとうございました。

謝辞
2015年5月21日～24日に香川県余島で開催された国際ロータリー第2670・2680地区RYLA（青少年指導者養成）セミナーで「人間のいのちを考える」というテーマで講演をしました。今回のテキストの内容は講演内容を改編して新たな項目を加えて編集しなおしたものですが、医療職以外の方にも理解しやすいように、講演会の雰囲気はできるだけ残しました。この講演会でお世話になった国際ロータリークラブの役員の皆さんに心から謝辞を申し上げます。また、当該セミナーで運営委員として活躍されていた大江与喜子先生（現 西宮市医師会会長）は学生時代に私の人類遺伝学の講義を受講していただいたのですが、今回の企画にあたって、特にお世話になりました。心からお礼申し上げます。

参考図書

1) クリスチャン・ド・デューブ（植田充美訳）：生命の塵－宇宙の必然としての生命、翔泳選書、1996
2) マイケル・J・ベーエ（長野 敬、野村尚子訳）：ダーウィンのブラックボックス、青土社、1998
3) ルーカ＆フランンチェスコ・カヴァーリ＝Ｓフォルツァ（千種 堅訳）：わたしは誰、どこから来たの－進化にみるヒトの「違い」の物語、三田出版会、1995
4) スティーヴン・ジェイ・グールド（櫻町翠軒訳）：パンダの親指－進化論再考（上・下）、早川書房、1996
5) スティーヴン・ジェイ・グールド（浦本昌紀、寺田 鴻訳）：ダーウィン以来、早川書房、2001
6) フランシス・ヒッチング（渡辺政隆、樋口広芳訳）：キリンの首－ダーウィンはどこで間違ったか、平凡社、1986
7) J・フィリップ・ラシュトン（蔵 琢屋、蔵 研也訳）：「人種、進化、行動」、博品社、1996
8) クリストファー・ウィルズ（中村 定、山本啓一訳）：シャーロック・ホームズ、ヒトゲノムに出会う、ダイヤモンド社、1994
9) リチャード・ドーキンス（日高敏隆、岸 由二、羽田節子、垂水雄二訳）：利己的な遺伝子、紀伊国屋書店、1991
10) 澤瀉久敬：医学の哲学、誠信書房、1971
11) 今井道夫：生命倫理学入門、産業図書、1999
12) 今井道夫、香川知晶：バイオエシックス入門（第二版）、東信堂、1999
13) T.L.ビーチャム（立木教夫、永安幸監訳）：生命医学倫理のフロンティア、行人社、1999
14) H.T.エンゲルハート、他（加藤尚武、飯田宣之　編訳）：バイオエシッ

8章 おわりに

クスの基礎－欧米の生命倫理論、東海大学出版会、1988
15) 厚生省健康政策局医事課（編）：生命と倫理について考える－生命と倫理に関する懇談報告、医学書院、1985
16) 千代豪昭：医療従事者と生命倫理・倫理的判断力を高めるために．学生のための医療概論第3版（増補版）、251-258、医学書院、2009
17) 千代豪昭：倫理分析技術から見た遺伝カウンセリングにおける倫理的諸問題．クライエント中心型の遺伝カウンセリング、209-238、オーム社、2008
18) 千代豪昭：倫理分析の実際．遺伝カウンセリングハンドブック（福嶋義光編）、266-267、メディカルドゥ、2011
19) 松田一郎（監修）、福島義光（編集）：遺伝医学における倫理的諸問題の再検討（Review of ethical issues in medical genetics - WHO/HGN/ETH/00.4)、日本人類遺伝学会（非売品）、2002
20) 福島義光（監修）、玉井真理子（編集）：遺伝医療と倫理・法・社会、メディカルドゥ、2007
21) 河合 蘭：出生前診断－出産ジャーナリストが見つめた現状と未来、朝日新書、2015

著者プロフィール
千代豪昭（ちよ　ひであき）
クリフム夫律子マタニティクリニック（副院長）

＜経歴＞

1971 年　大阪大学医学部卒業
1973 年　神奈川こども医療センター遺伝染色体科
1975 年　兵庫医科大学遺伝学講座（助教授）
　　　　　中央診療部門臨床遺伝部主任（兼務）
1978 年　西独キール大学小児病院細胞遺伝部（フンボルト留学）
1984 年　金沢医科大学（助教授）
　　　　　人類遺伝学研究所臨床部門主任 兼 人類遺伝学講座主任助教授
1987 年　大阪府環境保健部（保健所長）
　　　　　府立看護大学設立準備室（副理事）
　　　　　大阪府医師会勤務医部会副会長（2 期）
1994 年　大阪府立看護大学看護学部教授（学部・修士課程・博士課程）
　　　　　（講義科目：医学概論・公衆衛生学・生命科学・生命倫理学・臨床遺伝学）
2004 年　お茶の水女子大学人間文化研究科大学院（教授）
　　　　　遺伝カウンセリングコース（修士課程）
　　　　　遺伝カウンセリング講座（博士課程）
2012 年　南相馬市立総合病院放射線健康カウンセリング室（室長）
2013 年　クリフム夫律子マタニティクリニック（副院長）
　　　　　現在に至る

学会活動：
　小児科医、学会認定臨床遺伝専門医（指導医）、日本人類遺伝学会名誉会員・日本遺伝カウンセリング学会評議員

主な著書：
　「学生のための医療概論（医学書院）」、「遺伝カウンセリング・面接の理論と技術（医学書院）」、「クライエント中心型の遺伝カウンセリング（オーム社）」、「遺伝カウンセラーのための臨床遺伝学講義ノート（オーム社）」、「小児在宅医療ケアマニュアル（大阪府医師会 編）」、「遺伝カウンセラー、その役割と資格取得にむけて（真興交易）」、「放射線被曝への不安を軽減するために・遺伝カウンセリングの専門家が語る放射線被曝の知識（非売品、NPO法人/遺伝カウンセリング・ジャパン、日本認定遺伝カウンセラー協会、日本遺伝カウンセリング学会 編）」、「放射線被ばくへの不安を解消するために・医療従事者のためのカウンセリングハンドブック（メディカルドゥ）」、「弓随想・弓道家がアーチェリーを理解するために（メディカルドゥ）」

趣味：アウトドアライフ、アーチェリー、フルート

Eメールアドレス：chiyo.hide-aki@qa2.so-net.ne.jp

人間の「いのち」を考える
  ─人類遺伝学、遺伝臨床、生命倫理学の立場から─

定　価：本体 2,000 円＋税

2018 年 10 月 10 日　第 1 版第 1 刷発行

著　　者：千代　豪昭	〒 550-0004 大阪市西区靱本町 1-6-6　大阪華東ビル
発行人：大上　均	TEL　06-6441-2231　FAX　06-6441-3227
発行所：株式会社 メディカル ドゥ	E-mail　home@medicaldo.co.jp
	URL　http://www.medicaldo.co.jp
	振替口座：00990-2-104175
	印　刷：モリモト印刷株式会社

©MEDICAL DO CO., LTD. 2018 Printed in Japan

・本書の複製権・上映権・譲渡権・公衆送信権（送信可能化権を含む）は株式会社メディカル ドゥが保有します。
・JCOPY ＜（社）出版者著作権管理機構 委託出版物＞
本書の無断複写は著作権法上での例外を除き禁じられています。複写される場合は、そのつど事前に、（社）出版者著作権管理機構（電話 03-3513-6969、FAX 03-3513-6979、e-mail: info@jcopy.or.jp）の許諾を得てください。

ISBN978-4-944157-27-3